WURENJI NONGYE FEIFANG YINGYONG JISHU

无人机农业飞防应用技术

陶 波　王崇生　洪 峰　主编

化学工业出版社
·北京·

内容简介

本书从专业植保技术入手，结合无人机操作技能，以“人、机、剂、技”为重点，在简述植保无人机发展与应用概况的基础上，深入分析了植保无人机结构与功能、飞行参数、环境因素、农药特性、助剂等因素对飞防效果的影响，详细介绍了飞防在作物常见病虫草害防治中的技术要点。另外，还精心收集整理了飞防作业典型案例和飞防作业实务，为无人机植保作业提供相关植保知识和专业化飞防技术指导。

本书适合广大农业技术人员、植保无人机操作人员、农业种植户等阅读，也可供高等院校植保、农药等专业师生参考。

图书在版编目（CIP）数据

无人机农业飞防应用技术 / 陶波，王崇生，洪峰主编. —北京：化学工业出版社，2022.9（2024.2重印）
ISBN 978-7-122-41919-4

Ⅰ. ①无… Ⅱ. ①陶… ②王… ③洪… Ⅲ. ①无人驾驶飞机-应用-病虫害防治②无人驾驶飞机-应用-除草 Ⅳ. ①S4

中国版本图书馆 CIP 数据核字（2022）第 137879 号

责任编辑：刘　军　孙高洁　张　赛
文字编辑：李娇娇
责任校对：宋　玮
装帧设计：王晓宇

出版发行：化学工业出版社
（北京市东城区青年湖南街 13 号　邮政编码 100011）
印　　装：北京科印技术咨询服务有限公司数码印刷分部
710mm×1000mm　1/16　印张 10½　字数 191 千字
2024 年 2月北京第 1 版第 3 次印刷

购书咨询：010-64518888
售后服务：010-64518899
网　　址：http://www.cip.com.cn
凡购买本书，如有缺损质量问题，本社销售中心负责调换。

定　　价：60.00 元

本书编写人员名单

主　编：陶　波（东北农业大学）

王崇生（哈尔滨市农业技术推广总站）

洪　峰（哈尔滨市农业技术推广总站）

副主编：艾　民（哈尔滨市农业技术推广总站）

孔令伟（东北农业大学）

参　编：（按姓氏汉语拼音排序）

安　浩（哈尔滨市农业技术推广总站）

柴赫男（哈尔滨市农业技术推广总站）

陈　微（哈尔滨市农业技术推广总站）

陆　宏（哈尔滨市农业技术推广总站）

王立学（哈尔滨市依兰县农业技术推广中心）

张　武（黑龙江省农业科学院黑河分院）

前 言

中国是农业大国，耕地面积约20.25亿亩（1亩≈667m^2），粮食播种总面积约为17.56亿亩。2020年，中国水稻播种面积为4.51亿亩，小麦播种面积为3.50亿亩，玉米播种面积为6.18亿亩。保证粮食产量及品质对于国家粮食安全和居民生活质量具有十分重要的意义。

粮食作物在种植、生长过程中，容易受到病虫害的影响，导致产量下滑，甚至颗粒无收。根据国家统计局统计数据显示，在全国范围内农业病虫草害种类多达1700余种，其中危害程度十分严重的有100多种，每年农作物遭受有害生物严重侵袭的种植面积为70亿～80亿亩。若以联合国粮农组织（FAO）提出的农作物自然损失率（30%）为标准测算，如果不采取有效的预防控制措施，我国每年因病虫害等造成的粮食产量损失将高达1.5亿吨，油料作物损失6.8万吨，棉花损失190多万吨，水果、蔬菜损失上亿吨，潜在经济损失将达到5000亿元以上。

使用农药，可对田间病虫草害进行有效防治，合理喷施农药有助于提高生产效率和农产品质量。据统计，我国每年农作物农药防治面积超过70亿亩次，农药防治的贡献率达到90%以上。农药在病虫草害防控和保证国家粮食安全中发挥着极其重要的作用。

然而近年来，环境因素变化、个别农药质量不合格、病虫草害抗药性逐渐增强以及施药器械落后等问题，导致农药有效利用率低，这又使得农民在施药的过程中不得不增加施药量和施药次数。过度施用农药所形成的大量农药残留、环境污染、农产品品质下降以及生态系统失衡等问题，不仅造成了经济上的巨大损失，同时也威胁着我们的食品安全。

因此，在施药技术方面提出了精准喷洒的概念。近年来，中国农业航空产业发展迅速，特别是植保无人机的迅猛发展和应用引起了人们的广泛关注。植保无人机航空施药作业作为一种新型植保作业方式，和传统的人工施药和地面机械施药方法相比，具有作业效率高、成本低、农药利用率高的特点，可有效解决高秆作物田、水田和丘陵山地人工和地面机械作业难以实施等问题。然而，随着植保无人机的高速发展，植保无人机应用技术发展不足的问题逐渐凸显，植保无人机操作人员缺乏专业化的植保技术，个别飞手基础较差，只掌握最基本的植保无人机操控技术，对药剂、气象、无人机与作物之间的关联无明确的认识，导致飞防作业效果不理想。

东北农业大学农学院联合哈尔滨市农业推广技术总站等单位，组织多位业内专家，以专业化的植保技术为着手点，结合植保无人机自身因素、气象因素、药剂因素、农作物因素，提出集“人、机、剂、技”于一体的全方位植保无人机应用技术，以期解决我国植保无人机应用技术不足的问题，为植保无人机田间作业提供理论指导与技术保障。

限于作者水平，书中疏漏与不当之处在所难免，请广大读者批评指正。

编者

2022 年 5 月

目 录

第一章 植保无人机应用概述

农业生产方式的转变促进了植保技术的发展。时至今日，植保作业已由最初的人背器械的人力劳动，到器械背人的机械化劳动，再到人机分离的智能化植保劳动，直到如今的智能精准施药，这一系列的进步对我国的粮食安全和环境安全具有重大意义。

植保机械的出现，从很大程度上提高了植保作业效率、减少了农药施用过程中的安全问题。而推广应用无人机施药技术，符合国家农业机械化和病虫害专业化防治技术推广方向和战略需求，契合《国家中长期科学和技术发展规划纲要（2006—2020 年）》《关于推进农作物病虫害专业化防治的意见》和《到 2020 年农药使用量零增长行动方案》等文件精神。

第一节 植保无人机的应用背景

一、病虫草害对农作物生产的影响

农作物病虫害是影响农业生产持续稳定发展的最大诱因，种类多、影响大、爆发加强、灾害严重已成为它的标签。据统计，国内重要农作物的病虫害类型达 1400 多种，常见的有二化螟、棉铃虫、蝗虫等，除了其自身的生物学特征外，农作物的品种、气象条件的变化都对其有着重要影响，从而对农作物形成大面积、大范围的破坏，使农作物严重减产，危害极大。1991 年，我国很多地区病虫害严重，导致农作物严重减产，共造成 160 亿千克的粮食损失，其中，损失小麦 38 亿千克，水稻48.6亿千克，棉花2.3亿千克；天津市、河北省更是有1.3万多公顷稻田颗粒无收。2004年，我国江西省遭遇水稻病虫害，共损失粮食17亿千克；2008年，我国黑龙江省遭遇草地螟破坏，受灾严重。由此可见，农作物的病虫害导致农作物严重减产，给我国的国民经济尤其是农业经济造成了不可估量的打击。

二、农田病虫草害防治

近年来，我国每年病虫草害防治总面积约 80 亿亩次。天敌昆虫法、物理防治法、化学药剂防治这三种病虫害防治措施是目前被广泛应用的植保方案。其中，农业化学药剂防治因具有快速高效、使用方便、不受地域与季节限制、防治及时等特点，成为现阶段我国农业防治有害生物的主要措施。据统计，我国每年农作物农药防治面积超过 70 亿亩次，农药防治的贡献率达到 90%以上，农药的应用可减少超过40%的粮食损失。合理喷施农药有助于提高生产效率和质量，在病虫草害防控和保证国家粮食安全中发挥着极其重要的作用。

长期以来，农药作为重要的农业生产资料，在减少农作物病虫草害导致的农作物产量损失方面发挥了积极作用，对保障粮食安全做出了重要贡献。1965年，全世界的粮食作物实际产量仅为理论产量的42%，而通过合理施用农药，这一比重已经在1990年上升到70%。根据估算，美国的农业生产者每施用1美元的农药可以带来将近4美元的产值回报。

通过对 2016～2020 年全国粮食作物病虫草害防治挽回损失情况分析可知，“十三五”期间，通过病虫草害防治，年均挽回粮食损失 8337.38 万～9170.18 万吨，占全年粮食总产量的 12.67%～13.89%；防治后仍损失 1448.86 万～1709.20 万吨，占全年粮食总产量的 2.16%～2.59%（表 1-1）。

表 1-1 我国“十三五”期间病虫草害造成粮食损失及挽回情况

时间	发生面积/亿公顷	防治面积/亿公顷	挽回损失/万吨	实际损失/万吨	粮食总产/万吨	挽回占比/%	实际损失占比/%
2016年	4470	5407	9170.18	1709.20	66043.51	13.89	2.59
2017年	4370	5393	8876.85	1652.15	66160.73	13.42	2.50
2018年	4159	5161	8337.38	1522.91	65789.22	12.67	2.31
2019年	4006	4997	8461.84	1459.40	66384.34	12.75	2.20
2020年	4144	5336	8794.17	1448.86	66949.00	13.14	2.16

（一）我国农作物病虫草害防治的不同阶段

1. 自然经济和原始的防治阶段

多采用人工捕捉害虫，辅以土法自制植物性农药和耕作、灌水等生产措施防治病虫害。

2. 化学防治阶段

20 世纪 50～70 年代，我国开始大量使用有机氯和有机磷农药，是农作物病虫草害防治的重要阶段。但随着化学农药的使用，也出现了病虫草害的抗药性问题和化学农药的残留问题。

3. 综合防治初始阶段

20 世纪 70～80 年代初，农作物病虫草害防治仍以化学农药为主，但因农药残留问题的出现，已经注意和加强生物防治和农业防治技术的研究和应用，并在 1974 年全国第 1 次农作物病虫草害防治学术讨论会上提出“预防为主，综合防治”的策略。1975 年正式将其确认为植保工作方针。

4. 综合防治阶段

20 世纪 80 年代以后进入农作物病虫草害防治的新时期，其主要特点是由单一生物种群防治转向“作物-有害生物-天敌生态系统”的整体综合管理，并将有害生物的决策管理纳入经济效益和生态效益中，进行了有害生物的决策管理。但由于当时过于注重经济效益，且一些措施的效果一时难以显现，因而推广受到一定的影响。

5. 可持续控制阶段

可持续控制广义是指使用和保护自然资源基础实行技术变革和机制变革，以确保当代人类及其后代对产品的需求能被满足。可持续控制能够保护土壤、水资源和动植物遗传资源，且不会导致环境退化。它要求技术上便于推广、经济上可行，而且能够被社会所接受。与综合防治相比，病虫草害可持续控制在管理水平上更上一层楼；防治理念上在更大范围和更高层次上由治转为控；调控水平上由宏观转为宏观与微观并重，且以微观为突破口；在防治策略上更强调整体性、经济性、持续性、先进性与适用性。可持续控制是在“综合防治”的基础上提高、发展而得来的，是我国农作物病虫草害防治的未来。

（二）我国农药施用特点及不同地区的农药施用现状及趋势

从历史数据看，我国农药施用总量总体呈现持续上升趋势。1995 年，我国农药施用总量约为 108.7 万吨。尽管在 2000 年和 2001 两年略有下降，但是我国农药施用总量在 1995～2009 年基本上保持了持续上升的趋势，并于 2009 年达到峰值 190.7 万吨。2010 年，我国农药施用总量下降到 175.8 万吨，此后的 2011 和 2012 两年略有增长，到 2013 年我国的农药施用总量为 180.2 万吨，与 2012 年的 180.6 万吨相比略有下降。相比于 1995 年的施用量，2013 年我国的农药施用总量增加了约 70 万吨，年均增长率达到 2.8%。和世界其他国家相比，我国的农药施用总量已经位居世界第一。

从我国不同地区的角度看，无论是农药施用总量还是单位播种面积农药施用量，我国不同省份的农药施用状况差异巨大。从东、中、西部的层面看，2013 年我国农药施用总量较大的省份主要分布在东部沿海和中部地区，这些地区的农药施用总量几乎均在 5 万吨以上。其中，农药施用总量超过 9 万吨的省份有山东、河南、江苏、湖北、湖南、江西和广东等，这些省份均为我国的农业大省。相比而言，西部地区的农药施用总量水平比东部和中部地区低。除了甘肃、四川、云南和广西等地区的农药施用总量在 5 万吨以上外，其他西部地区均低于 5 万吨。其中，宁夏、青海和西藏的农药施用总量甚至低于 1 万吨。如果从南北方的层面看，我们发现黄河以南地区的农药施用总量总体上比黄河以北地区的农药施用总量水平高，这和我国南北方农业种植结构差异有密切关系。

按照农药品种和作物划分，我国农药大类品种以杀虫剂为主导，市场占比为 40%，除草剂为 36.45%，杀菌剂为 22.13%，其他约占 1.4%。作物市场以水稻和果蔬为主导，分别占 32.62%和 15.75%，麦类和玉米也在 10%以上。在农作物种植总面积相对稳定情况下，2015 年以来，我国持续贯彻农药零增长行动，农药利用率开始稳步提升，2019 年我国水稻、玉米、小麦三大粮食作物农药利用率达到 39.8%，比 2017 年提高 1%。

三、农药使用过程中出现的问题

农业生产中使用农药是保证农作物免受病虫害、草害和鼠害威胁的重要防治措施，对农业增产和增收，有着十分重要的帮助。现阶段，在农业病虫害和草害防治过程中，化学农药是使用最为广泛的农药种类之一。但是在进行农业生产过程中,化学农药过量和不合理的使用对农业健康可持续的发展造成了严重的影响，农作物药害现象十分严重，同时农药过量使用还对环境安全造成了严重威胁，甚至在农药使用过程中，还出现了人畜农药中毒的现象。农药在使用过程中存在的诸多问题将会对农业的可持续发展、农村的生态文明建设以及现代农业的建设和发展产生严重的影响。

近年来，由于环境因素变化、个别农药质量较差、病虫草害抗药性逐渐增强以及施药器械低效、农药的“粗放式”喷洒，导致农药有效利用率低，继而使得施药作业不得不增加施药量和施药次数。过度施用农药不仅形成大量农药残留、环境污染、农产品品质下降以及生态系统失衡等问题，还造成了经济上的巨大损失，甚至威胁食品安全和人身安全。据统计，我国平均每年使用 130 万～140 万吨农药制剂，单位面积的农药用量是世界平均水平的 2.5 倍。过度使用化学农药，不仅会造成农药的浪费、土壤地力的衰退，还会造成周边大范围的生态环境污染，并对农业从业人员造成长期的身体伤害。

导致农药过量使用的因素有很多，总结有以下几点。

1. 药剂自身因素影响

农药的化学成分、理化性质、剂型、作用机制、使用剂量以及加工性状都直接或间接地影响药效发挥；各公司生产工艺和制剂生产能力高低不同，药效差异也很大。

2. 靶标抗药性增加

近年来，病虫草害抗药性日趋加剧，这对农药的使用量、使用浓度也提出了更精确的要求；农药使用量或使用浓度过大容易出现药害和农药残留，农药使用量或使用浓度过小却又达不到防治效果。如用药频繁的病虫草害，其抗药性常常是几倍、几十倍，甚至上百倍地增加，这会给植保工作带来很多困难和挑战。因此，当靶标抗性增加时，如何匹配合适的农药用量，也是一个现实的植保技术难题。

3. 防治时机不当

植保防治，务必把握和抓住靶标的最佳防治时机。即使相同的病虫草害，由于发展阶段不同，对于同一农药的反应也是不一样的。错过最佳防治时机，用再多的量也很难有好的防效。所以，只有充分了解病虫草害的发生、危害和发展规律，在最合适的时间，有针对性地准确用药，才能保证好的防治效果。例如，部分杂草3叶期前更容易防治，而有些杂草生长旺盛期防治效果较好；防治水稻螟虫类害虫务必在虫卵孵化高峰期进行；防治菜粉蝶、卷叶蛾等害虫，最好上午喷雾；防治鳞翅目夜蛾类和部分螟蛾科害虫，最好傍晚喷雾。

4. 未对症防治

不同的病虫草害，需要不同的农药进行防治。如果病虫草害诊断出现误差，对症防治就成了空谈。实践中，病害混淆、虫害混淆、病当虫治、虫当病杀、草做虫除的情况屡见不鲜。如枯萎病与黄萎病混淆；叶霉病与灰霉病疫病混淆；果树早期落叶病、棉花红叶枯死病误诊为红蜘蛛危害；番茄青枯病造成死苗，误诊为根腐病或地下害虫咬根造成死苗；大豆田杂草菟丝子危害误当成根结线虫病来治。

5. 喷雾技术不到位

对于触杀型农药，如果不能准确喷雾击中靶标，就很难有较好的防治效果；对于内吸型农药，如果雾滴不能在靶标上均匀分布，也不会有良好的内吸效果，防治效果也会大打折扣。如防治红蜘蛛最好使药液能够均匀地喷布到叶片背面

（触杀）或叶片正面（内吸）；防治玉米螟应该在心叶施药；防治飞虱和纹枯病需要对准植株下部施药；防治纵卷叶螟、叶稻瘟、白叶枯病需要注重在上部叶片喷雾。

同时施药液量也很关键。施药液量，指每单位面积农田所喷施的药液量。我国目前的常规喷雾以高容量法、中容量法为主，用水量大，能均匀湿润，但真正在靶标部位或作物表面持留的药液较少，药液浪费、流失严重。现代农业需要现代植保理念，我们还需要因地制宜地选择合适的用水量，必要时还需添加合适的喷雾助剂（如有机硅类、矿物油类、植物油类），与喷雾器械（喷头）、农药制剂匹配使用，增加药液在靶标部位或作物表面的持留量，促进药效稳定发挥。

6. 水质影响

水有硬水和软水之分。硬水含矿物质较多，偏碱性，如井水、矿区水、泉水等，稀释农药效果差，并且会降低或分解酸性农药的有效成分。软水含矿物质较少，偏中性，如塘水、河水、溪流水，稀释农药效果更好，但如水质较浑浊，也会影响药效发挥。

7. 环境因素影响

温度、湿度、雨水、光照、风、土壤性质等，不同的环境因素直接影响农药性能的发挥和实际的防治效果。如二甲戊灵、乙草胺等除草剂，干旱时除草效果差，在适宜的土壤湿度条件下除草效果好；辛硫磷容易见光分解；气温在 8℃以下，即使是灭生性除草剂也很难发挥正常药效；气温超过 35℃时，雾滴水分容易蒸发，也容易引起药害和中毒事故；下雨天喷施农药，药剂易被雨水冲刷而流失，导致药效降低甚至无效；风大时，雾滴容易飘移、散失。因此，在农药施用过程中，要充分利用一切有利因素，控制不利因素，以达到最佳防治效果。

8. 农药喷雾器械落后

目前，我国农业生产过程中的植保作业仍以手工及半机械化操作为主。据统计，传统的背负式喷雾器每小时仅能作业 2～3 亩，不仅效率低下，无法解决农村劳动力短缺和农业规模化种植的问题，而且给人身安全也带来了极大的危害，而低的农药利用率，造成了农药的过量使用，大量农药流失到土壤和空气中，在破坏农业种植生态的同时，也造成了食品安全问题。据调查，目前我国植保作业使用的植保机械以手动喷雾器和小型机（电）动喷雾器为主，其中手动施药器械、背负式机动器械和拖拉机悬挂式植保机械分别占国内植保器械保有量的 93.07%、5.53%和 0.57%，植保作业过程需投入过多劳动力、劳动强度较大且不安全，施药人员的中毒事件时有发生。有数据统计，我国每年因植保作业而中毒的人数超过 10 万，致死率约为 20%。目前，我国植保行业的水平仅相当于发达国家在 20 世纪 50 年代的水平，植保已成为农业种植与田间管理机械化中最薄弱的环节，尤其植保机械是当前中国农业机械化的一大短板，因此，我国急需建立更加高效的新型现代化植保体系。

为此，2015年农业部发布了《到2020年农药使用量零增长行动方案》，以促进农业可持续发展，并且提出要通过创新施药技术来减少农药的施用。2017年中央一号文件重点强调“推行绿色生产方式，增强农业可持续发展能力”，在这个思想指导下，改进施药技术，优化精准施药方法成为农业植保发展的必然趋势。2019年国务院发布的《中共中央国务院关于坚持农业农村优先发展做好“三农”工作的若干意见》明确要求实现化学农药使用量负增长，加强智能化农用装备研发，实现我国农业机械化进程。2019年2月的中央一号文件再次提出“支持薄弱环节适用农机研发，促进农机装备产业转型升级，加快推进农业机械化”。

四、植保机械的应用

我国在病虫草害防治工作中使用的农业机械相对落后，主要还是采用背负式施药设备，这种方式在使用过程中存在着劳动力需求多、劳动强度大、喷洒不均匀等问题，极易造成喷洒过量、农药覆盖率差和防效差等问题。

因此，相关研究人员在施药技术方面提出了精准喷洒的概念。精准喷洒，简单来讲就是“需要什么就给什么，需要多少就给多少”。精准喷洒的实现离不开施药机械，我国农业植保最主要的作业方式是人工喷药和地面植保喷雾机械喷药。人工喷药投入人力多，劳动强度大，还常常发生施药人员中毒事件。地面植保喷雾机械比人工喷药的效率高，但经常会受到地形地貌、作物种植环境及作物后期长势等因素制约，无法很好地进入田间完成施药作业，或作业效率不高。

（一）我国植保机械现状

1. 植保机械保有情况

（1）手动植保机械　手动植保机械主要有手动背负式喷雾器、手动压缩式喷雾器、手动踏板式喷雾器、手摇喷粉器等。据农业部门统计，手动植保机具约35个品种，社会保有量约5807.99万架。由于其结构简单，价格便宜，因而市场覆盖面很大，约占国内植保机械市场份额的80%，担负着全国70%以上的农作物病、虫、草害防治任务。

（2）机动植保机械　机动植保机械主要有背负式机动喷雾喷粉机、担架式机动喷雾机、喷杆式喷雾机、风送式喷雾机、热烟雾机、常温烟雾机、航空喷雾喷粉和超低量喷雾装置等。背负式机动喷雾喷粉机社会保有量约261.73万台，担架式机动喷雾机社会保有量约16.82万台，小型机动及电动喷雾机社会保有量25.35万台，拖拉机悬挂式或牵引的喷杆式喷雾机及风送式喷雾机社会保有量4.16万台，航空超低量喷雾喷洒装置总保有量不足200架，果园固定管道喷雾设备保有量较少。

2. 植保机械使用现状

"使用一种机型，防治各种作物的病虫草害，打遍百药"的情况比较普遍，这是造成用药量大、农药浪费、环境污染、农药残留超标、操作者中毒等诸多问题的主要原因。新型的施药机械可提高农药利用率，但由于价格等问题，应用很少，即使在大面积作业的农场，新型的植保机械的使用量也很少，难以推广。

3. 植保机械行业现状

植保机械行业以中小企业为主，数量在400家左右，其中背负式电动喷雾器生产企业160余家，背负式喷雾喷粉机生产企业110余家，机动喷雾机生产企业10余家，机动喷雾机用泵生产企业40余家，烟雾机生产企业20余家，喷杆式喷雾机生产企业40余家，其他植保机械生产企业（如灭蚊灯、静电超低量喷雾器等）20余家。植保机械企业年总产值在20亿元左右。相关企业以生产结构简单的手动施药机具居多，且产品品种单一，综合性企业少；企业规模差别很大，年产量从几百台到几百万台，年产值从几万元到几亿元；技术装备水平不高，自主创新能力较差。

（二）不同类型植保机械的优缺点

1. 人力施药器械

人力施药器械通常采用手摇式、背负式等方式操作，施药人员与药械直接接触，人员接触及吸入中毒风险较高。同时，人力施药器械"跑、冒、滴、漏"问题严重，导致农药喷雾不均，农药浪费严重。此外，在农田植保作业中，人工负载作业需要花费更多的体力，作业效率低下。

2. 小型动力植保机械

小型动力植保机械可分为担架式、自走式等类型，此类植保器械的出现，解决了人力消耗大的问题，提高了植保作业效率。但是，担架式喷雾机射程有限，而且在远端的雾型较难控制，雾滴粗细变化很大，很难保证均匀的雾化质量。自走式水稻植保机械是一种简易的动力植保机械，由于采用独立行走方式，跨越田埂能力比较强，损苗率低，相比背负式等人力喷施器械，操作人员的劳动强度得以降低，效率获得了较大的提升，且不需要另外借助拖拉机，成本相对较低。国内大部分的自走式植保机械需要工作人员守在旁边通过操作杆控制方向；机具一般较小，轮距有限，在高低起伏的地面行驶时，承载的喷杆倾斜较明显，很难保证喷施的均匀性，工作人员易受到农药污染。

3. 大中型动力植保机械

大中型动力植保机械主要采用拖拉机牵引式、悬挂式或自走式等承载方式，喷雾的方式主要有风送式、喷杆喷雾等形式，凭借着作业效率高、喷雾效果好等特点，在大面积种植区域取得良好应用，在大型国营农场及大型农业种植合作社的植保作业中，发挥了重要作用。但其易受天气、地形影响，下雨后或低洼不平地区，作业效果较差甚至无法作业，使其应用受到局限。

风送式喷雾机通常以拖拉机或农用车辆作为运载动力，通过高速离心风机送风系统，对雾滴进行二次雾化和远程输送，其射程较远、工作效率较高。但目前风送式喷雾机在农业生产中并未得到大范围的推广应用，因为在实际应用中该机械仍存在雾滴易飘移、精确控制喷施效果较差等缺点，较难适应农业植保作业需要。喷杆喷雾机主要由机架、药箱、液泵、喷杆、药液管路等组成，喷杆喷雾机的显著特点克服了农药分布不均匀的问题，并且漏喷、重复给药现象明显减少。

大型植保机械工作效率高，防治效果好，但是价格较高，且驾驶员需要经过专业的培训，需要较为广阔平坦的地理环境，因此适用性较为局限，适用于国营农场和大型合作社。

4. 航空植保机械

目前，用于航空植保作业的飞行器主要包括有人驾驶的大型固定翼农用飞机，无人驾驶单旋翼直升机、多旋翼直升机等。

有人驾驶的飞机作业效率高，一般为50～200hm^2/h，适于大面积单一作物、果园、草原、森林的施药作业，以及孳生蝗虫的滩涂地的施药，尤其对暴发性、突发性病虫害的防治很有利。不受作物长势限制，适用性较广。如森林、沼泽、山丘及水田等用航空施药法较为方便。用药液量少，不但可用常量、低容量喷雾，而且也可用超低容量喷雾。但存在需要专用机场、专业驾驶员、维护成本高、航空管制严格等诸多问题。药剂在作物上的覆盖度往往不及地面喷药，尤其在作物的中、下部受药较少，因此，防治在作物下部为害的病虫害效果较差。施药地块必须集中，否则作业不便。大面积防治，往往缩小了有益生物的生存缝隙。施药成本偏高。农药飘移严重，对环境污染的风险高，有些发达国家已经禁止飞机喷洒农药。目前飞机喷洒药剂已基本不用喷粉法而多用喷雾法。

植保无人机作业，其最为显著的一大优点便在于其高效性。植保无人机采用低空微量喷洒的方式，喷洒效率至少可以达到2.67hm^2/h，喷洒效率最高时将会达到6.67hm^2/h以上，是传统人工喷洒作业工作效率的百倍之多。有专家估计一架普通的植保无人机其工作效率基本等同于一台行进速度和喷幅分别为6km/h与60m的大型植保机械。但相比于常规大型植保机械只适用于平原地带，植保无人机拥有更广阔的适用范围，无论是在水田、山地还是其他特殊条件下，植保无人机均可以得到有效运用。此外，由于植保无人机通常采用遥控的方式，因此在实际作业时植保人员几乎不与农药直接接触，因此大大提高了植保作业的安全性，避免植保人员受到农药影响。

虽然植保无人机在实际应用中存在众多优势，但其表现出了一定的局限性。例如植保无人机在植保作业中需要使用专业航空药剂，但我国能够自主研发生产专供植保无人机使用的航空用药企业极少，而如果采用进口航空药剂，则势必会增加植保无人机的作业成本。另外，现阶段几乎所有植保无人机均存在载重较小的缺点，如普通植保无人机的载重为 5～25kg，其一组电池只能维持植保无人机飞行 8～20min。不仅如此，由于植保无人机结构复杂，因此也在很大程度上增加了植保无人机的操作与维护难度。此外，我国目前在植保无人机领域中缺乏大量专业、熟练的飞手和维修人才，因此也在很大程度上限制了植保无人机的进一步发展。还有部分研究人员指出，虽然植保无人机旋翼能够产生一定风力，但绝大多数时候其产生的风力难以彻底翻转玉米等作物的叶子，甚至还会导致作物叶子出现扭曲变形等情况。在植保无人机飞离作物后，受风力影响发生变形的作物叶子将会逐渐复原，此时原本沉积在作物叶子表面的液滴也将会出现回弹现象，进而使得植保无人机的雾滴附着率大大降低，难以获得理想的作业效果。同时，受到旋翼风场的影响，叶片之间相互摩擦，叶片易产生伤口，增加作物感病风险。

第二节　植保无人机的分类和特点

植保无人机是一种遥控式农业喷药小飞机，机体小巧而功能强大，常可负载 10～30kg 农药，并在低空喷洒，每分钟可完成约 3 亩地的飞防作业，其喷洒效率是传统人工操作的 30 倍。植保无人机采用智能操控，操作人员通过地面遥控器及 GPS 定位对其实施控制，其旋翼产生的向下气流有助于增加药物雾流对作物的穿透性，防治效果好。

植保无人机由机身平台、控制系统、喷洒系统和动力系统四部分组成。机身平台包括机架、脚架、旋翼、支臂等，是无人机的骨架；控制系统包括飞行导航系统、数据传输系统等，是无人机的大脑；喷洒系统包括药箱、加压泵、管路和喷头等，是植保无人机区别于其他无人机最显著的特征；动力系统主要有活塞发动机系统及电力动力系统两类，电力动力系统主要包含电机、电调、螺旋桨以及电池。电力动力系统由于其能量密度大、体积小、重量轻、易于维护等特点，占到了农用无人机的绝大多数。

无人机施药技术是以航空、信息、生物和农业装备为支撑点的现代农业技术系统，具有作业效率高、突击能力强、机动性好、适应性强等优点，能够满足专业化防治对精准、高效施药技术与装备的迫切需求，适于消灭暴发性病虫害，符合“统防统治”理念，对保障我国粮食安全、食品安全、环境安全具有重大意义。推广应用无人机施药技术，是适应我国土地经营模式和农村劳动力短缺的必然选择。

一、植保无人机分类

植保无人机根据动力分类可分为电动植保无人机、油动植保无人机及油电混合型植保无人机三种。

1. 电动植保无人机

电动植保无人机通常利用锂电池驱动的电机作为动力源，它的特点是无人机构造比较简单，平时维护容易，对操作人员技能要求低；场地适应能力强，展开迅速，轻便灵活；电动输出功率不受含氧量影响，可在高原地区使用；电池可充电重复使用，成本低；振动小，成像质量好。缺点是抗风能力弱，续航能力不足，电池报废后存在环境污染问题。

2. 油动植保无人机

油动植保无人机采用燃油发动机作为动力源，其特点是燃料易取、载重大、续航能力强，还具有较好的抗风能力。但油动无人机自主飞行能力差、油门响应速度慢、振动大、控制精准度低、操控要求高，在高原环境下性能不佳。

3. 油电混合型植保无人机

油电混合型植保无人机的动力来自发动机和电机，将前两者结合而实现互补，具有很好的发展前景，但仍存在一些技术上问题需要解决，如发动机和电机动力的配比、飞控算法等问题。

根据机型结构可分为固定翼植保无人机、单旋翼植保无人机和多旋翼植保无人机。单旋翼植保无人机和多旋翼植保无人机相关参数见表 1-2。

表 1-2　单旋翼植保无人机和多旋翼植保无人机参数对比

参数	单旋翼植保无人机	多旋翼植保无人机
旋翼类型	主旋翼、尾翼	四、六、八旋翼
外观尺寸	较大	较小
动力方式	油动或电动（油动居多）	油动或电动（电动居多）
喷头布局	分布在支臂上	支臂或旋翼下方
安全性	较多旋翼差	八旋翼最稳定，六、四旋翼次之
风场稳定性	单一稳定	散乱

1. 固定翼植保无人机

固定翼植保无人机（图 1-1）载量大、飞行速度快、作业效率高，作业时采用超低空飞行，具备简易、安全的起降系统，可按照多种模式自动执行飞行植保的任务。不过对作业区域地形条件要求较高，需要有较为宽敞的无障碍地用于起降，会受作业区域或周围障碍物如电线、电杆、树木等影响，引起飞行安全问题，并且无法实现悬停。

图 1-1　固定翼植保无人机

2. 单旋翼植保无人机

单旋翼植保无人机（图 1-2）的风场稳定，向下风场大、穿透力强，雾化效果也较好，可以把药输送到作物根茎部，抗风能力强。缺点是造价高，飞行操作员培训难，并且一旦发生炸机事故，单旋翼无人机造成的损害可能更大。

图 1-2　单旋翼植保无人机

3. 多旋翼植保无人机

多旋翼植保无人机（图 1-3）采用对称设计，以多个旋转中心带动旋翼产生风力进行飞行作业，价格适中，操作方便，操作人员培训快。但抗风性弱，下旋风场更弱，风场散乱覆盖范围小。作业覆盖半径一般在 300m 之内，单次作业时间在 30min 之内，比较适合于田间小地块。目前，农户大多使用多旋翼电动植保无人机。

图 1-3　多旋翼植保无人机

二、植保无人机相关标准

目前，针对飞防作业等农业航空应用领域的标准，大多转化自国际或国外标准，而在我国广泛应用的植保无人机，除了在东亚地区有应用外，在国外其他地区鲜有应用，缺乏可直接参考的国外标准。因此，国内民用无人机的相关法规政策及标准为植保无人机标准的制定指明了方向，同时，有人驾驶飞机植保标准（表 1-3）也需适当借鉴。

表 1-3　我国现行有人驾驶飞机植保标准

标准类型	标准号	标准名称
国家标准	GB/T 25415—2010	航空施用农药操作准则
农业标准	NY/Y 1533—2007	农用航空器喷施技术作业规程
民航标准	MH/T 1002.1—2016	农业航空作业质量技术指标　第 1 部分：喷洒作业
	MH/T 1008.1—2021	飞机喷施设备性能技术指标　第 1 部分：喷雾设备
	MH/T 1031—2010	农用飞机喷洒设备性能检测规范
	MH/T 1040—2011	航空喷施设备的喷施率和分布模式测定
	MH/T 1049—2012	飞机喷洒设备设计规范
	MH/T 1055—2013	航空喷雾设备喷头性能试验方法
	MH/T 1063—2016	飞机喷洒设备装机要求

1. 政策法规现状

近年来，随着我国民用无人机技术和应用的蓬勃发展，特别是低空低速轻小型旋翼无人机数量快速增加，相关部门出台了一批专门针对民用无人机的法规政策。民用无人机法规政策同样适用于植保无人机，其中对植保无人机标准制定最具借鉴参考意义的有以下三项：于 2009 年发布、2016 年修订的《民用无人驾驶航空器系统空中交通管理办法》规定了无人机飞行活动评估管理、空中交通服务、无线电管理等内容；于 2018 年发布的《民用无人机驾驶员管理规定》规定了管理机构分类方法、行业协会和民航局对驾驶员的管理方法等内容；于 2015 年发布的《轻小无人机运行规定（试行）》规定了无人机通用运行准则，为无人机进行了分类管理，对植保无人机单列一类要求，包括植保作业定义、人员要求、培训要求、负责人职责、作业人员资格认证、喷洒限制和喷洒记录保存等内容。以上三项法规政策从空域、驾驶员、运行管理三个方面对民用无人机进行了要求，体现了国家主管部门对民用无人机以及农用植保无人机运行安全和行业发展的重视。

2. 标准现状

NY/T 3213—2018《植保无人机　质量评价技术规范》由农业部南京农业机械化研究所牵头制定，规定了植保无人机的型号编制规则、基本要求、质量要求、检测方法和检验规则，用于植保无人机质量评定。该项标准提出了植保无人机的限高、限速、限距、电子围栏、失效保护、避障等概念与检测方法，充分考虑了产品的安全性。除NY/T 3213—2018《植保无人机质量评价技术规范》外，仅有为数不多的地方标准与团体标准。地方标准包括湖南省2项，重庆市、江西省、广西壮族自治区各1项，见表1-4；涉农的团体标准主要由中国农业机械化协会、无人机系统标准化协会、国家农业航空产业技术创新战略联盟等社会团体制定，目前应用范围较小。

表1-4 植保无人机地方标准

标准地区	标准号	标准名称
湖南省	DB43/T 849—2013	超低空遥控飞行植保机
重庆市	DB50/T 638—2015	农用航空器 电动多旋翼植保无人机
江西省	DB36/T 930—2016	农业植保无人机
湖南省	DB43/T 1156—2016	多旋翼低空遥控植保机
广西壮族自治区	DB45/T 1330—2016	电动旋翼植保无人机技术条件

三、植保无人机作业的特点

（一）植保无人机作业优势

1. 适应面广

植保无人机具有携带方便、使用优势突出的特点，既能适应不同地形，又可满足不同作物，而且不受作物种植模式的影响；植保无人机升降简单，不要求有专用跑道，过去地面大型植保机械较为棘手的水田、山地、坡地、不平整田地等，大都可以用植保无人机进行飞防作业。

2. 节水节药，节能环保

无人机喷施农药，一般亩用水量为0.5～1L，而传统喷药方法亩用水量一般为15～30L。使用飞防专用药剂，一般可节省农药用量50%以上，节水90%以上。节省水资源的同时减少农药使用量，大幅度减少农药对环境的影响。

3. 效率高

植保无人机喷洒效率为人工喷洒效率的30～50倍，此外，植保无人机飞防作业大多使用飞防专用药剂，其吸收率比传统农药高得多，且无人机飞行时产生的风场还可以使一些细长叶片翻转，令作物受药均匀。

4. 安全性高

植保飞防作业为远程遥控操作，人距离农药相对较远，减少了有毒农药对人体的伤害，还可以夜间作业，安全得到更大保障。

5. 弥补能力强

有些高秆作物如玉米、向日葵等，传统的施药机械受底盘高度限制无法进田作业，无人机不受作物高矮、密度大小的限制，可以有效进行田间作业。而且，无人机设定好飞行路线后，还可以夜间作业，不受白天气温高、蒸发量大的影响。

6. 防治效果好

植保无人机配备高速的离心喷头，使药液可以雾化为 0.1mm 的颗粒，从而均匀喷施到作物各个部位，不留死角，特别是可以借助自身风力，将药液喷施到作物叶片背面，对于防控病虫草害有得天独厚的优势。

7. 环境污染低

无人机对农药的要求非常高，一般杂质含量高、粗制滥造的农药不适于飞防。再加上农药用量少，可以大幅度降低农药对环境的污染。

8. 发挥多功能协同作用

植保无人机可以一次飞防同时达到多个功效。2017～2019 年，内蒙古农牧业科学院在小麦、玉米及马铃薯上取得了良好效益。

（二）植保无人机应用存在问题

1. 续航能力不足

目前我国所使用的植保无人机大多为电动植保无人机，配备的电池平均续航能力为 8～15min，电池充 300～400 次就要报废，成本较高。

2. 载重不足

植保无人机载重一般为 10～20kg，大面积作业需要不停地更换药箱，直接影响到作业效率，从而影响到成本。

3. 飞防专用药剂缺失

无人机的飞防效果很大程度上与使用的药剂有关，目前植保作业大多凭经验或参考地面喷雾确定剂量与配制方法，往往因为用量、配制不科学或缺乏助剂而影响作业质量，导致药剂利用率低、喷洒效果差，甚至产生药害。因此，飞防专用药剂、专用助剂仍是植保无人机发展普及的制约因素。

4. 定位不精确

进行飞防作业首先要熟悉田地的面积、形状、有无障碍物等信息，目前主要通过两种方法获取这类信息。第一种方法是通过公开发布的百度地图、谷歌地图等地图数据，获取目标区域的位置信息，这种方法通常会有几十米的误差，精准度不高，而且缺少障碍物信息；第二种方法是人工携带高精度差分 GPS 到植保农田现场进行测量，获得高精度的位置信息和障碍物信息，这种方法的缺陷是在作业前需大面积测绘，作业效率低且成本高。无人机定位不准会导致重喷、漏喷、误喷等现象，精准作业是植保无人机的一个关键问题。

5. 受气候影响大

（1）风速　植保无人机本身重量轻，抗风能力与其最大平飞速度有关，在风速 3 级以上时作业就存在飞行风险。另外，植保无人机喷洒的药液雾滴极小，风力较大的情况下，药液极易飘移，从而影响靶标作物的着药量，影响作业效果。

（2）气温　植保无人机通常使用锂电池，最佳工作温度为 20～30℃。温度过高过低均会影响电池的容量及寿命，甚至还会造成电池停止工作或损毁。

（3）天气　无人机植保作业为低空作业，雨、雾、雷电等气象因素容易引发故障，故雷雨等天气无法进行作业。

6. 飘移药害风险

植保无人机在病虫草害防治中，存在飘移药害风险的天然缺陷。一是无人机飞行高度比人工背负式喷雾器或传统的打药机高出 1～3m，药液雾滴小，稍有微风即可导致药液飘移。二是有些农药具有挥发及飘移的特点，如 2,4-滴丁酯乳油，可以飘移 500～1000m，无人机喷洒会加剧飘移。

7. 对农药要求高

我国目前在生产上使用的农药及其剂型是根据传统的施药方式设计的。而无人机特殊的施药模式完全不同，对农药的要求极高。其中，粉剂和颗粒剂不易溶于水，不适于无人机。水剂和水乳剂则完全适于无人机飞防。其他如乳油、可湿性粉剂、悬浮剂和水分散粒剂等，原则上无人机能够使用，但要选择高质量农药。如乳油类，其溶剂具有腐蚀性，无人机用水量小，浓度高，会腐蚀胶管，对无人机损坏较大。可湿性粉剂如果细度达不到要求，在用水量较少的情况下，悬浮率不达标，容易造成喷头堵塞。即使能够勉强作业，由于分散度、覆盖度不够，防治效果也不尽如人意。如代森锰锌可湿性粉剂，一般细度为 200 目或者更低，无人机使用就会存在问题。但有些高质量代森锰锌，细度可以达到 325 目，悬浮率达到 80%以上，无人机飞防应用就没有问题。

8. 农药的使用量缺少科研数据支撑

无人机飞防完全颠覆了传统的用药计算方法，因其亩用水量仅仅为 800～

2000mL，如果按亩用药量计算，则浓度过高，存在药害风险。如果按稀释倍数计算，则浓度过低，存在防治效果差的隐患。目前，关于无人机合理的用药浓度，缺少科学的指导依据。

9. 从业人员缺少植保专业技术

目前，市场上的无人机作业团队，基本上都是以飞行操作人员为主，植保专业知识较少，对病虫草害的识别、流行规律、防治时期、防治阈值、用药品种、剂量、配药程序及方法、邻近作物及下茬作物药害规避等技术不甚了解，导致事故及纠纷层出不穷。

10. 相关法律缺失

首先，无人机团队的资质问题。现在的作业队，好多是带药作业，承担了一部分农药销售的功能，而国家对农药经营有明确的准入门槛与制度，对农药的经营场所、人员、进出库、储存、运输、检验及安全使用等都有详细规定。而无人机作业队基本不具备这些条件。其次，无人机所使用的农药，包括品种、剂型和使用量等方面，也缺少相应的法律法规。

11. 无序竞争

从 2016 年无人机广泛应用到植保领域以来，最初的作业价格为每亩 10～12 元，价格一路下滑，降到 7～8 元，甚至 5～6 元，个别地区还有 3～4 元的超低价格。恶性竞争导致喷雾质量大打折扣，防治效果不佳。

第三节 植保无人机的发展情况

一、国外农业航空发展史

农业航空作业项目包含播种、喷洒化肥农药、授粉、农田遥感监测等方面。目前植保无人机主要在亚洲国家应用广泛，尤其在中国、日本等东亚国家最为普及，同时泰国、马来西亚等东盟国家也在积极探索在农业领域中更多地应用植保无人机。

（一）日本农业航空历史

日本是最早在农业植保领域使用无人机作业的，也是植保无人机施药技术最先进最成熟的国家（表 1-5）。日本高效农药施用机械应用广泛，但由于其地形特点及小面积的种植模式（日本农场平均耕地面积约 1.9hm^2），使其植保机械都设计得小巧灵活，其中 30%为自走式喷洒机械，无人直升机占比 60%，其他 10%为小型地面机械。

表 1-5 日本农业航空历史时间表

1958 年	日本开始启用有人驾驶的直升机进行化学农药的喷洒作业
1983 年	雅马哈发动机株式会社开始研制出第一款无人直升机模型
1984 年	雅马哈发动机株式会社开发测试试验平台
1987 年	雅马哈发动机株式会社成功研发第一款植保无人机模型，命名为 RCASS。该飞机为双翼型直升机，配备一款水冷二冲程 292mL 的单缸发动机
1987 年	雅马哈发动机株式会社基于 RCASS 模型，推出第一款可真正用于农药喷洒的无人直升机“R-50（L09）”，该飞机配备一款水冷二冲程二缸发动机，具有 20kg 的有效负载能力，挂载 8 个压力喷头
1995 年	雅马哈发动机株式会社研发的搭载 YACS 系统的新一代无人机 R50（L12）上市
1997 年	雅马哈发动机株式会社研发出搭载新型发动机的 Rmax 植保无人机，该机负载量达 16kg，采用二冲程燃油发动机，配备两个扇形喷头，可进行液体和固体喷洒
2013 年	雅马哈发动机株式会社发布了 Fazer 无人直升机，载重 24kg，搭载了最新的变速器和姿态控制系统 YACSⅡ，采用四冲程水平对置双缸燃油喷射发动机，配备两个扇形喷头，具有机体振动小、废气清洁排放等特点
2016 年	雅马哈发动机株式会社在 Fazer 的基础上，推出了 FazerR，机体载药量提高到 32kg，配备 5 个扇形喷头
2018 年	雅马哈发动机株式会社推出了 YMR-08 八旋翼植保无人机，配备 8L 的药箱，单次作业可喷洒 1hm^2 田地，飞行速度可达到 15km/h，采用双喷头结构，喷幅为 4m，采用常规六旋翼机体结构，在两个喷头上方设置反转双螺旋桨，大大提高了无人机下洗气流流动速度，加快雾滴沉降

日本已经广泛使用无人机进行农业生产作业。1995～2005 年，日本的无人机数量年增长率达到 13.8%，防治面积达到 60 万公顷，年增长率为 20.1%。2012 年日本全国共有 2346 架无人直升机用于农林业。

（二）欧美农业航空历史

欧美等国的有人驾驶航空植保技术较为发达，也最普及，且拥有着完善的航空作业体系。美国是目前开展航空植保最早，农业航空装备、施药技术最先进，应用最广泛的国家之一，美国超大规模经营农场的规模化种植和同种作物大区连片种植的种植方式决定了主要使用作业效率较高的大型固定翼飞机和载人直升机。美国是农业航空应用技术最成熟的国家之一，已形成较完善的农业航空产业体系、政策法规以及大规模的运行模式。 欧美国家农业航空历史时间表见表 1-6。

表 1-6　欧美国家农业航空历史时间表

1911 年	德国提出用飞机喷洒农药控制森林虫害
1918 年	美国首次利用飞机在棉花上喷洒农药，打开了农用航空的大门
1922 年	美国将 JN-6 军用飞机改良，装载农药后对作物进行喷洒作业
1922 年	苏联采用飞机喷洒的手段消灭蝗虫
1949 年	美国开始研制专门用于农业的农用飞机
2000 年后	美国 Harris Aerial 公司研制了一款四轴八旋翼植保无人机 CarrierHx8。具有约 23L 的载药量，喷幅为 7～10m，可进行农业喷洒作业、植株体侧化学修剪等作业
	美国 Hylio 航空公司研发的六旋翼植保无人机 AGRODRONE，具有 16L 的载药量，作业效率为每小时 10～12hm^2，在机体下方水平安装 6 个液力式喷头
	美国 Homeland Surveillance＆Electronics 公司制造了一款 15kg 载药量的六旋翼植保无人机 HSEAG-V6

还有一些特殊结构的植保无人机，如荷兰的 Drone4 Agro 公司正在致力于使用轻型材料及高能量密度的锂电池等材料研发具有 150kg 载重能力、续航时间达到 1.5h 的植保无人机。该机通过增加机体宽度及水平排列的螺旋桨数量来提高无人机的载重能力（图 1-4），目前该公司已生产出的具有 15kg、25kg、40kg 和 80kg 载药量的机型对应的螺旋桨数量分别为 8、12、16 和 24 个，对应的机体宽度分别为 3m、4.5m、6m 和 9m。

图 1-4　荷兰 Drone4 Agro 公司的增程式植保无人机

除日本、美国以外，俄罗斯、韩国等国家也对植保无人机进行了推广和应用。俄罗斯地广人稀，拥有 1.1 万多架农业植保飞机，年处理的耕地面积占其国总耕地面积的 35%以上；韩国应用植保无人机进行农业航空作业始于 2003 年，其后植保无人机数量逐年增加，作业面积也在逐年增长。

二、国内农业航空发展史

作为一个农业大国，我国农业已经从最初的传统农业阶段发展到现代工业农业阶段，如何逐步发展到绿色、高效、安全的现代生态农业阶段，是我国农业现代化建设的重要目标和任务。因此，作为现代化农业的重要组成部分和反映农业现代化水平的重要标志之一，农业航空在我国现代化农业发展中占有较大比例。应用农业航空植保技术对提高我国农作物病虫害防治机械化水平，实行统防统治的专业化服务，提高农业资源的利用率，增强突发性病虫害防控能力，缓解农村劳动力短缺，保障国家粮食安全、生态安全，实现农业可持续发展具有十分重要的意义。中国农业航空历史时间表见表 1-7。

表 1-7 中国农业航空历史时间表

19 世纪 50 年代初	我国建成了黑龙江佳木斯、辽宁沈阳、新疆石河子、湖北天门与广州 5 个大型农用航喷站
1951 年 5 月	应广州市政府的要求，中国民航广州管理处派出一架 C-46 型飞机，连续两天在广州市上空执行了 41 架次的灭蚊蝇飞行任务，揭开了中国农业航空发展的序幕
1958 年	我国拥有了自主生产的喷雾植保飞机——运-5，飞机由南昌飞机制造厂设计生产
1963 年	运-5 投入到小麦病、虫、草害防治的航空植保作业中，此机型在我国的农业植保中服役 20 多年
1983 年	东北、新疆等地多家通用航空公司相继成立，在当地的农业航空作业中主要使用国产机型“农林 5”“Y5B”“Y11”等
2000 年	北京必威易创基科技有限公司从日本陆续进口了 6 架日本雅马哈 R50 型植保无人机用于农药喷洒，必威易创基科技有限公司是我国首个应用植保无人机的农业服务公司
2004 年	科技部 “863 计划”、农业部南京农机化所等项目和机构开始了植保无人机的研究和推广
2005 年 12 月	名古屋海关扣押雅马哈公司准备出口中国的同类型飞机，日本政府以植保无人机可能被用于军事用途为由禁止雅马哈公司继续将植保无人机销售到中国
2005～2006 年	中国农业大学、中国农业机械化研究院、南京农业机械化研究所等科研机构开始向农业部、科技部、教育部等相关部门提议立项进行植保无人机的研制工作
2008 年	农业部南京农业机械化研究所、中国农业大学、中国农业机械化研究院、南京林业大学、总参谋部第六十研究所等单位共同承担的科技部国家 “863”计划项目 “水田超低空低量施药技术研究与装备创制”进入执行，标志着国内科研机构正式开始探索植保无人机航空施药技术，并成功研制出以 Z-3 型油动单旋翼直升机为飞行平台与控制系统的油动单旋翼植保无人机，该飞机装配 10kg 药箱，2 个超低量离心雾化喷头
2009 年	中国农业大学与山东卫士公司研发“3WSZ-15”型 18 旋翼电动植保无人机
2010 年	无锡汉和航空技术有限公司研发 3CD-10 型单旋翼油动植保无人机
2010 年	中国农业大学植保机械与施药技术研究中心与珠海银通公司合作进行低空低量遥控电动单旋翼植保无人机的研发
2012 年	双方合作共同研制出国内第一款电动单旋翼植保无人机 CAU-3WZN10A，搭载 10L 药箱，装备 4 个扇形喷头
2012 年 4 月	全国首次 “低空航空施药技术现场观摩暨研讨会”在北京召开，由中国农业大学植保机械与施药技术研究中心与全国农技推广中心联合主办，广西田园公司等协办。油动和电动、单旋翼和多旋翼等类型植保无人机共 12 种以及人驾动力伞植保飞行器共同亮相

续表

2014 年 5 月	由中国工程院院士、华南农业大学罗锡文教授担任理事长的“中国农用航空产业创新联盟”在黑龙江佳木斯正式成立
2014 年	东北农业大学陶波教授团队着手研究农药雾滴飘移并研发农药防飘移助剂
2015 年	深圳大疆的消费级无人机占有全球消费市场的 70% 以上，年底在北京推出 MG-1 型电动多旋翼农业植保无人机，随后相继推出 MG-1S、MG-1P、T16、T20 等多款植保无人机
2015 年	广州极飞科技有限公司发布第一款植保无人机产品（P20），搭载离心喷头，随后发布 2016 款 P20，2017 款 P20、P30 植保无人机，并配备 SUPERX2 RTK 飞行控制系统，搭载 GNSS RTK 定位模块和变量喷洒系统
2015 年至今	东北农业大学陶波教授团队成功研发飞防专用助剂——迪翔，并研究植保无人机除草剂飞防应用技术，示范推广植保无人机除草剂飞防面积超过 10 万亩次
	中国农业科学院袁会珠教授团队研究植保无人机病虫害飞防应用技术，并取得良好效果

三、植保无人机行业的发展趋势与机遇

近年来，我国植保无人机发展态势迅猛，已经形成了生产-销售-服务的产业链。但是，核心技术与美国、日本等发达国家还有较大的差距，尤其在自主飞控技术、动力与载荷匹配、作业精准和高效性等农用适应性关键技术方面。我国农用无人机生产企业从 2010 年的不足 10 家增长至 2016 年的 260 余家，农用无人机产品覆盖单旋翼、多旋翼，电动、油动等多个品种，已形成具有中国特色的新型高新技术产业，具备了一定的国际影响力。

随着我国农业生产现代化的发展，农业对植保无人机的需求量逐年增加。需积极采取有效措施应对发展难题，从政策扶持、体制建设、技术保障、人员保障及安全监管等多方面共同入手，提高无人机植保作业效率，实现农作物病虫害的统防统治，加快我国农业航空植保无人机的发展步伐。

1. 建立完善的行业标准

要实现植保无人机合理规范的应用，必须以完善的行业标准为依托，明确植保无人机的应用范围，规范作业高度和速度以及维修保养相关要求等事项。同时，植保无人机作业过程中对于农药的使用也缺乏相关标准，行业标准应明确适合植保无人机作业的药剂种类、单位面积农药使用量，以及适宜的作业条件等。

2. 建立合理的推广模式

尽管近年来农用无人机的生产企业对产品做了大量的升级，但对于无人机植保技术的推广，单靠生产厂家是远远不够的，要达到无人机植保技术的广泛应用，还必须依靠政府支持与市场配合。目前，在无人机植保技术推向市场后，仅有河南省和湖南省将植保无人机纳入了农机补贴范畴。因此，从农机推广的角度讲，

应积极争取国家和地方政策支持，并适时开展无人机植保技术示范，为无人机植保技术的推广使用打下更好的基础。

3. 加强关键技术的研究力度

现阶段的植保无人机技术还处于起步和研究阶段，很多植保无人机产品在技术和功能上还缺乏市场的考验和改进优化过程，且在电池技术、喷头技术、精准喷施等方面与国际先进水平还存在明显差距，无人机的智能控制技术和作业系统也急需提升和完善。因此，未来无人机植保的研究仍将以科研机构和先进企业为主体，重视攻坚克难，加快无人机技术的产业化发展。

4. “产学研”合作

企业和科研院校发挥各自优势进行产学研合作，研发适用的先进植保无人机及其配套技术，推动科研院校的成果转化，加快推进植保无人机的可持续发展。发挥国内高校、科研单位、企业以及相关农业航空联盟与学会的作用，普及农业航空知识，培养航空植保人才。将目前企业进行的植保无人机操控人员的培训纳入农机培训的范畴，对无人机操控人员进行无人机管理法规以及植保知识培训，提高行业整体水平。近年来，华南农业大学国家精准农业航空施药技术国际联合研究中心与安阳全丰、广州极飞、北大荒通用、山东瑞达、深圳高科新农、新疆天山羽人等多家企业签订了产学研合作协议，开展了包括技术开发、联合施药试验等实质性合作，并联合国内十几个省（自治区、直辖市）进行了有人机、无人机航空遥感与施药的试验与技术研发，目前已初见成效，是产学研合作的成功范例。

5. 精准喷施作业

精准喷施作业是确保植保无人机有效防治病虫的前提。通过多传感器、多光谱辅助甚至多分辨率遥感数据融合，利用地理信息系统（GIS）技术创建精确的植保作业处方图，依据处方图预设作业路线，通过植保无人机的智能飞行控制系统，进行无人机的远程控制或自主飞行。植保无人机自主飞行时，通过传感器、GPS 导航、遥感和超声波测距等技术，在线感知环境情况，根据实时采集到的环境信息进行建模分析和辅助决策，及时调整飞行路线和施药设备参数，进行避障飞行和精准施药，减少雾滴飘移，提高无人机作业效率。目前，大部分植保无人机智能飞行控制的研究是在相对确定的环境下进行的，更长远的目标是要实现在快速变化的不确定环境下，增强植保无人机对地形的适应能力，提高植保施药和飞行控制精度，实现真正意义上的植保无人机精准喷施作业。

6. “互联网+农业”促进服务增值

采用新一代信息技术，建立“互联网+”精准农业航空服务综合服务平台，为农业航空植保作业服务商和终端农户提供沟通和服务的桥梁，便于政府和有关部门对植保无人机实施跟踪和监管。通过平台，相关人员可对植保服务、作业效果和植保无人机检测进行管理，对作业人员、植保无人机及其他物资进行统一调配，利用大数据技术为广大农户提供多种无人机植保增值服务。随着植保无人机产业化的推进，技术、人员和配套设施保障的加强，植保无人机的应用将向多元化、精准化和智能化发展。植保无人机的应用技术将为我国现代农业发展带来巨变，特别是在发展植保无人机技术的同时，国家通过制定相应的扶持政策，完善标准与补贴制度，引导常规药剂的飞防登记管理，鼓励农化企业研发飞防专用药剂，进一步完善植保无人机技术维护保障机制。植保无人机必将步入快速发展阶段，为现代农业发展和乡村振兴战略的实施发挥重要支撑作用。

第四节　植保无人机的结构部件

一、植保无人机的动力系统

植保无人机的动力系统通常由电池、电机、电调和桨叶四部分组成。

（一）电池

电池（图 1-5）是植保无人机的动力来源。目前，植保无人机的电源电池一般选用锂电池，相对普通电池来说，它具有高倍率、高能量比、放电电流大、安全性高、寿命长、质量轻等优点。它的主要参数除了容量还有 C 数、P 数、S 数等。C 数是指电池能正常放电的倍数，可以简单理解为放电能力。C 数乘以容量，就是电池最大放电电流。S 数是指串联锂电池电芯的片数，1S 代表 3.7V 的电压，S 数越大，电池的电压越大。P 数是指并联锂电池电芯的片数，P 数越大，电池的电流越大。

图 1-5　植保无人机电池

（二）电机

植保无人机的电机在整个飞行系统中起到动力输出的作用。目前，多旋翼植保无人机的动力电机普遍采用无刷电机（图 1-6），它的优点是以电子换向来代替传统的机械换向，性能可靠、效率高、体积小、故障率低，寿命比有刷电机提高了约 6 倍。无刷电机的参数指标，除了外形尺寸（外径、长度、轴径等）、重量、电压范围、空载电流、最大电流等外，还少不了一个重要指标——KV 值，这个数值是无刷电机独有的一个性能参数，是判断无刷电机性能特点的一个重要数据。KV 值用于衡量电机转速对电压增加的敏感度，它的定义为输入电压增加 1V，无刷电机转速增加的转速值。例如：1000KV 电机，外加 1V 电压，电机空载转速 1000r/min，外加 2V 电压，电机空载转速 2000r/min。单依据 KV 值，还无法评价电机的好坏，因为不同 KV 值的电机适用不同尺寸的桨，绕线匝数多的，KV 值低，最高输出电流小，但扭力大，适合安装大尺寸的桨；绕线匝数少的，KV 值高，最高输出电流大，但扭力小，适合安装小尺寸的桨。电机的型号一般由四位数字组成，前 2 位代表电机的直径，后面 2 位是电机的高度。例如，8120 表示电机直径为 81mm、电机高度为 20mm。

图 1-6 植保无人机电机

（三）电调

电调全称电子调速器（electronic speed controller，ESC）（图 1-7）。针对电机不同可以分为有刷电调和无刷电调，植保无人机的电调需要与电机匹配，主要选用无刷电调。在整个飞行系统中，电调主要提供驱动电机的指令，来控制电机，完成规定的速度和动作等。电调主要根据应用情况和电机的功率进行选择。

图 1-7 植保无人机电调

（四）桨叶

桨叶是通过自身旋转，将电机转动所做的功转化为动力的装置（图 1-8）。在整个飞行系统中，桨叶主要提供飞行所需的动能。桨叶的性能对飞行效率产生十分重要的影响，直接影响飞行的续航时间。按材质一般可分为尼龙桨、碳纤维桨等。多旋翼植保无人机通常选用碳纤维桨。桨叶的选择和电机 KV 值有关，一般 KV 值较大的电机选择高速桨，KV 值较小的选择低速桨。桨叶的主要参数有螺距和长度。它的型号一般由四位数字组成，前 2 位代表桨的直径，后面 2 位是桨的螺距（单位：in，1in=25.4mm）。例如，8060 表示桨直径 80in、螺距 60in。

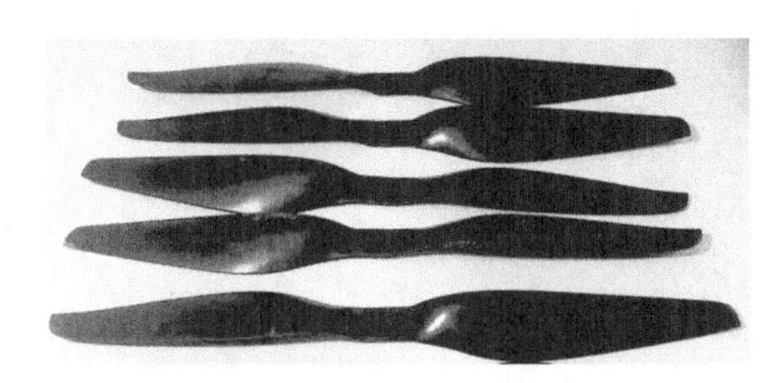

图 1-8　植保无人机桨叶

二、植保无人机的喷雾系统

（一）药箱

药箱是植保无人机喷雾系统的一个重要部件（图 1-9）。我国植保无人机药箱大多为工程塑料材质，需耐酸碱、耐腐蚀，有桶状、长方体状、三棱柱状和圆锥状等不同形状，容量大小依据无人机载荷而定，多为 5～20L。目前，市场上几乎所有多旋翼无人机的药箱都直接固定于无人机机身下方。而大部分单旋翼植保无人机，则普遍使用双药箱的设计方式，即在主旋翼下方机身两侧对称位置各放置 1 个药箱，2 个药箱通过管路连通保持液面高度一致，使药液形成一个整体。此外，一些单旋翼无人机采用的则是较独特的 U 形药箱。目前市场上除大疆、极飞、羽人等少数几家企业的产品，大多数植保无人机药箱均没有防浪涌与防震荡功能。由于植保无人机作业过程中一直在运动，如加速或减速、转弯、爬升或下降等。这些情况下药液震荡会对无人机的飞行安全产生很大影响，使整个机身因飞行不平稳而造成喷雾过程中的重喷和漏喷，加上由于喷雾飞行过程中因受气象条件的影响无法实现等高飞行，从而导致喷幅不断变化，这使得目前我们测试过的数十种植保无人机的喷雾范围内农药雾滴的喷雾均匀性系数均在 40%以上，而有的甚至超过 60%，而这一均匀性系数按照我们国家标准对地面喷杆喷雾机来讲必须小于 15%。植保无人机施药的均匀性在目前技术条件下远远低于地面喷杆喷雾机。

因此，在药箱中加设防浪涌与防震荡装置十分必要。同时，大部分无人机药箱缺乏进液过滤装置，无论是在注入药液的药箱口，还是在药液进入管路的出口位置，都需要安装滤网等过滤装置，以过滤药液中较大的固体颗粒，防止固体颗粒堵塞喷头、损坏液泵或管路等部件。此外，应研发适合于无人机喷雾系统的药液搅拌装置，以防不同理化性质的农药药液在药箱中分层、凝絮、沉淀，降低药效和雾化效果。

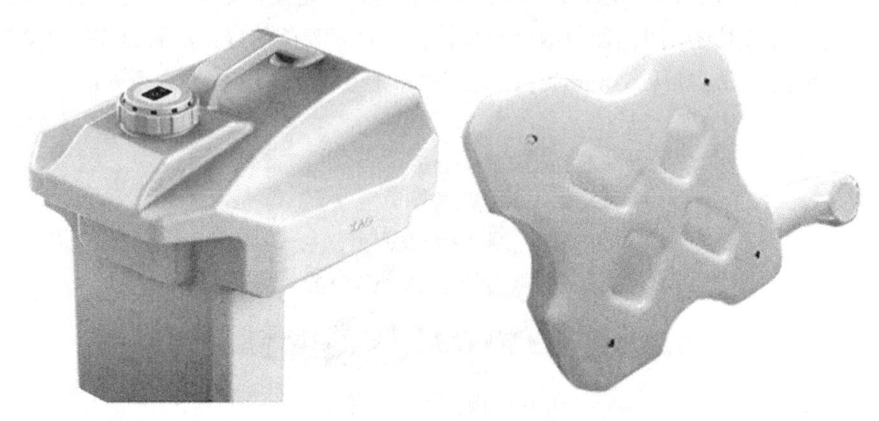

图 1-9 植保无人机药箱

（二）液泵

液泵产生的压力是药液进入管路和雾化的动力来源，目前植保无人机喷雾系统绝大多数都采用早期研发的国产微型电动隔膜泵，如图 1-10 所示。微型电动隔膜泵用微型直流电动机（一般电压为 5V、12V、24V）驱动，以偏心运动带动内部的隔膜做往复运动。在压力差的作用下，将药液吸入泵腔，再从排液口排出。微型电动隔膜泵的优势在于耐腐蚀、压力高、噪声小，可以用于高黏度药液的吸液和排液。但因其隔膜的脉动作用，导致喷雾压力的脉动而不能实现均匀稳压的喷雾作业。因此，对于植保无人机低容量与超低容量农药喷施作业来讲，目前的电动隔膜泵不是一个合适的关键工作部件，是不得已而为之。大量高浓度连续长时间试验表明：除不能实现均匀稳压喷雾外，其缺点还有高浓度液体环境下，膜片寿命短、极易损坏、维修更换频繁，同时在夏季高温高湿的作业条件下故障率较高，造成工作效率下降、成本上升。而且微型电动隔膜泵的流量和压力通常不会太大，要求大流量喷雾作业时需要多个泵连用，在增大体积与载重量的同时，也增加了成本。此外，微型电动隔膜泵通过直流电驱动，只能通过改变电压调整电机转速的方式来改变流量和压力，而且流量和压力是一起变化的，完全不能达到精准控制流量和压力的要求。因此，需要研发适合于植保无人机低空低量施药的专用液泵，如采用微型离心涡旋泵，使用无刷电机驱动泵体，并加装流量和压力传感器来精准调控流量和压力，延长工作寿命，提升工作性能和作业效率。

图 1-10　植保无人机液泵

（三）雾滴雾化装置

在植保无人机喷雾作业过程中，药液经过无人机雾滴雾化装置进行雾化，形成细小的雾滴颗粒，并具有一定宽度的雾滴谱。不管是各种地面喷雾机还是各种航空喷雾机成雾过程中，喷头是农药雾化的核心部件。目前，植保无人机主要采用液力式喷头和离心式喷头。液力式喷头与传统地面机具上安装的喷头相同，一般根据作物特点选用扇形雾喷头或圆锥雾喷头；而离心式喷头大多则是采用手持电动离心喷雾器的离心喷头，或在此基础上由各无人机生产厂商根据各自机型特点开发而成。

1. 液力式喷头

液力式喷头借助液泵产生的压力，使药液通过喷头时在压力的作用下与空气高速撞击破碎成细小的液滴，其雾化粒径主要受喷头压力及孔径的影响。液力式喷头（图 1-11）的优点，一是喷雾压力较大，二是喷洒系统结构相对简单，成本较低。但它的缺点也很明显，即雾滴谱宽、雾滴直径差异大、雾化均匀性不佳；植保无人机无法通过远程控制调节泵压来改变喷雾粒径，而只能通过更换不同孔径型号的喷头进行调整；不适用于悬浮剂、可湿性粉剂等农药剂型的喷施，易造成喷头堵塞。目前，我国市场上使用的扇形雾喷头包括 Lechler LU 和 ST、Teejet XR 等几个系列，孔径型号多为 01、015、02 和 025 号等小口径喷头，喷雾角 110°或 120°，大多在 0.15～0.5MPa，单喷头流量在 0.28～1.28L/min，雾滴体积中径（VMD）在 100～200μm 范围内，雾滴较细，广泛应用于大田作物农药及生长调节剂喷洒作业。圆锥雾喷头大多采用美国喷雾系统公司的 Conjet TX-VK 系列空心圆锥雾喷头，孔径型号为 3、4、6 号或德国 Lechler 公司的 TR80-005、0067、01 这 3 种类型的空心圆锥喷头，喷雾角 80°，在 0.2～0.55MPa，单喷头流量在 0.16～0.52L/min，雾滴同样较细，雾滴粒径在 100～150μm 范围内，适用于果园、葡萄园等冠层密度大且体积大的经济作物上的病虫害防治。

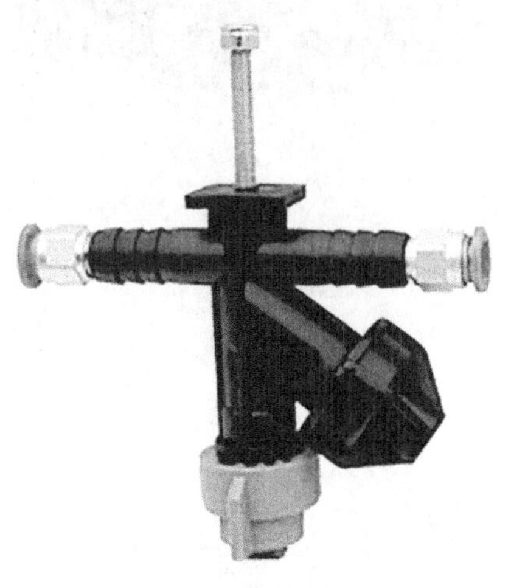

图 1-11　液力式喷头

2. 离心式喷头

离心式喷头（图 1-12）通过电机带动雾化盘高速旋转，通过离心力将药液分散成细小的雾滴颗粒，雾化粒径主要受电机电压、供液流量、雾化盘特性的影响。离心式喷头的优点有：产生的雾滴粒径更小，直径相差也更小，雾滴谱窄，药液雾化均匀、效果好；离心式喷头可以容易地通过电压调整电机转速进而精准控制雾滴粒径；喷洒中适用农药品类多，包括悬浮剂、乳油等水溶性较差的农药剂型。与此同时，它的劣势则主要在于药液相对容易受无人机旋翼风场和环境大气流场的影响，如果无人机下旋气流风场不足时，雾滴就极容易产生飘移；另外，离心式喷头雾化控制的成本相对较高的同时，高转速对喷头电机轴承寿命影响也较大。市面上现有的离心式喷头大多是各无人机厂商或配件厂商根据作业的需求在早期离心喷头的基础上二次再开发而成的，并没有行业公认的标准。当前，植保无人机常用的离心雾化喷头主要是单雾化盘式，这种喷头在流量为 0.2～0.5L/min、转速为 6000～12000r/min 的条件下，雾滴粒径在 80～100μm 范围内，相对雾滴谱宽 RSF（DV90 与 DV10 的差与 DV50 的比值，数值越小表明雾滴粒径越集中、雾滴谱越窄）为 0.7～0.9，雾滴很细小，雾滴谱窄，集中度高，雾化效果好。此外，还有一类多雾化盘式或栅格式离心式喷头，这种双层离心喷头在流量为 0.2～

0.8L/min、转速为5000～15000r/min转速条件下，其雾滴粒径在70～150μm，RSF在1.0～1.2之间，雾滴粒径分布集中度较好，雾化性能好。

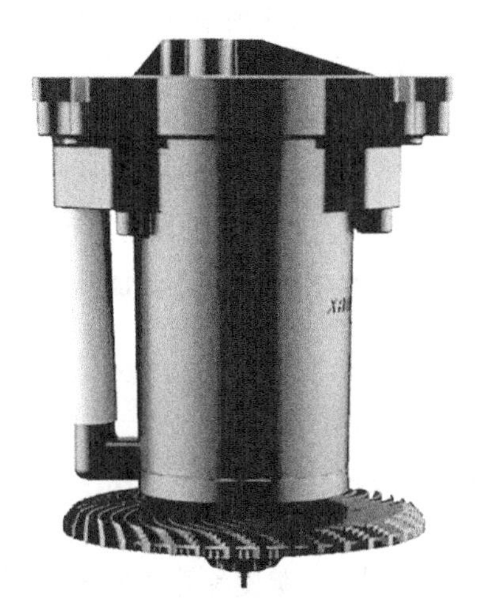

图1-12 离心式喷头

三、植保无人机的飞控系统

飞控是无人机的核心，飞控根据地面端输出的指令控制电调、水泵，输出相应的动作，通过一系列传感器测量飞行器状态，反馈给飞控，飞控发出调节输出指令，调整飞行器姿态。

飞控系统包括了IMU（惯性测量单元）、气压计、GPS、指南针等。

（1）IMU 惯性测量元件是一种能够测量自身三维加速度和三维角速度的设备，内含三轴陀螺仪、三轴加速度计和温度计。三轴陀螺仪主要用于测量飞行器的三轴姿态角或角速度；三轴加速度计主要用于测量飞行器在三个轴的加速度。飞控系统通过IMU反馈的角速度和加速度得出飞行器的姿态；温度计测量IMU工作温度，IMU工作温度范围在−5～60℃。大疆MG-1的IMU没有集成到主控之中，后面的机型都把IMU集成到了主控里。

（2）气压计 气压计主要是检测飞行周围的气压，和起飞时的气压做对比，得出气压差，从而得出飞行器与起飞点的垂直高度，即气压计测量的是相对高度。当飞行器飞行高度离地面低于50cm时，会出现飞行姿态有点不稳的情况，高于50cm，飞行很稳定。气压计的测量值会受到各种因素的影响，如温度、湿度、光照等，单靠气压计定高效果并不理想，在植保机上，配备了定高更稳定的高精度微波雷达。

（3）GPS GPS能够获得经度、纬度和高度信息，GPS还能用多普勒效应测量自己的三维速度。GPS在空旷地带信号较好，在室内或者建筑密集区域接收卫星信号较差。

（4）指南针　指南针是测量飞行器航向的传感器，通过检测磁场方向来判断飞行器朝向，磁场较强的地方，如通信基站等设施附近，会出现干扰。无人机的电机在高速运转时也会对磁场产生影响。

（5）SD 卡　用来存储飞行数据，飞行器每一次开机都会生成一条飞行数据，可以通过数据分析出飞行器事故原因。根据观察，95%的事故都是人为原因造成的。

（6）PMU　电池管理单元，为整个飞控系统提供稳定电压。大疆 MG-1 和 MG-1S 是独立的 PMU 模块，MG-1P 的 PMU 集成到了中心板。

1. K3A 农业专用飞控

极翼机器人（上海）有限公司开发的 K3A 一体化飞控系统支持 4 轴、6 轴、8 轴多旋翼，最多可扩展至 12 轴旋翼无人机，可以实现定高定速飞行、航线规划，支持断点续喷，可抗 3 级风，同时支持姿态、GPS 自稳、智能方向等多种模式。K3A 拥有失控返航、低电压保护、一键侧移等多种功能，同时支持 Windows、IOS 和 Android 等系统。

2. Finix300/300M

Finix300/300M 由一飞智控（天津）有限公司研制。Finix300 主要适用于起飞重量 100kg 以下的单旋翼无人直升机，Finix300M 适用于 4 轴、6 轴、8 轴多旋翼无人机。

Finix 飞控拥有定宽喷洒功能，可以实现“推杆即走、松杆即停”，GPS 和北斗双模卫星定位，喷洒更精准；支持自主规划喷洒路径和断点续喷；采用工业级设计，能够更好地适应农业植保的环境要求。

3. 双子星

零度智控（北京）智能科技有限公司的双子星飞控是少有的集成两套系统的飞控，安全裕度高。双子星带有意外开伞保护、断桨保护、失控保护等功能，进一步提升了安全性。

双子星具备黑匣子功能，能够实现航迹回放，便于进行故障分析；自定义航点、自主导航、自动生成航线功能，可有效减轻操作难度。

4. SUPERX2 农业飞控

极飞科技公司的 SUPERX2 支持自主飞行控制，可根据预先设置的航线与参数，实现自主起飞、自动飞行与降落。SUPERX2 能够针对不同作物与环境，匹配飞行速度和喷洒流量，实现精准喷洒；支持断点续喷。SUPERX2 可与极飞科技研发的 A1 手持地面站相结合，自动完成航线规划，便捷实用。

5. UP-X

北京普洛特无人飞行器科技有限公司的 UP-X 型无人机飞控系统可以控制十字形、X 形及 4 轴、6 轴、8 轴等多轴飞行器，使用简单方便，控制精度高，GPS 导航自动飞行功能强。

UP-X 重量仅 100g，尺寸小巧。UP-X 拥有自动等高航线飞行、药量检测、无药自动返航、断点接续、一键完成飞行作业任务等功能。UP-X 配套的地面站可以自动根据设定的航带宽度和航线长度生成航拍耕地航线。

6. 哪吒 A2

深圳市大疆创新科技有限公司自主研发的哪吒 A2 飞控上市时间较早，安装简单，使用便捷，支持多达九种的多旋翼机型，也可以由用户自定义电机混控；拥有高性能的 GPS 定位和高度锁定功能，具备一键返航、断桨保护、低电压报警功能，可以有效地与大疆其他产品相结合。

第五节　植保无人机应用技术

一、精准施药技术

（一）精准施药技术的意义

精准施药的技术核心，在于充分掌握农田里每一小片区域内的农作物生长情况与受害程度，合理计算出每片区域农作物所需的农药剂量，然后按需喷药。与传统施药技术相比，其在每片区域所喷洒的农药量根据实际情况有所不同，可以极大地减少农药过度喷洒的情况。因此，精准施药技术有效提高了农药使用的利用率，不仅减少了农作物的整体用药量，同时还降低了农作物表面的农药残余量，最后还相对减弱了农药使用对整个农田环境与生物圈的污染破坏。

（二）农作物精准施药技术

1. 药液喷洒防飘移与再回收技术

在农药喷洒的过程中，由于药液以雾化形式喷出，很容易在有风的情况下出现飘移现象，风大飘移问题严重时，甚至会导致喷出农药量的 80%被浪费，这种药液飘移情况极大地影响了农药的利用率。针对这一问题，农作物精准施药技术可以从以下三个方面进行技术运用：第一，采用改进后的防飘型喷头，可以使喷出的药液保持药滴直径较大、雾滴数量少的优点，有效降低农药的飘移损失量；第二，使用喷雾机时，为了减少自然风的影响，可以在机器的喷嘴位置前，安装防风装置以降低药液飘移量；第三，借助药液回收设备与自然风的作用，可以将喷出后的飘移药液进行收集，药液正确处理之后能够再次进行喷洒，极大地提高了药液的利用率。

2. 自动对靶喷药技术

自动对靶喷药技术主要分为两种：一是采用地理信息技术的系统；二是采用实时信息的传递、收集、分析、处理的综合系统。自动对靶喷药设备使用简单，其可以自动根据农作物的病虫草害情况，分析农田内的各个区域是否需要喷药治理，然后精准对靶喷药。采用自动对靶喷药技术，可以降低人工成本，提高农产品生产的经济效益，且施药效果较好，对环境的污染也大为降低，目前已经逐步在规模化农业经营中得到推广和运用。

3. 精准配药与数据分析技术

精准配药技术是根据农作物表面病虫草害严重程度和抗药性，通过计算机技术与自动配药设备，对单个区域内的需喷洒农药进行科学选择和剂量控制。直接从配药精准性上着手，可以极大地减少农药的反复喷洒情况，使已经配好的药液得到最大化的利用。数据分析技术，主要是运用大数据分析农作物的生长、病虫草害的预测性数据，在农作物需要药物防治前进行精准施药，从而极大地降低化学农药的实际用量，避免多次喷药的浪费现象发生。

（三）农作物精准施药技术在运用过程中的注意事项

1. 选择最佳防治期

通过对农作物生长环境与成长状态的定期观察，确定精准施药的日期，可以有效提升农作物精准施药的效果。就不同的农作物而言，其在不同季节、不同生长周期、不同病虫草害情况下，选择一个最佳的施药防治期，是农作物精准施药技术的注意事项之一，这就要求农业生产的经营者，总结农作物生长规律与防治经验，确保每次施药都能达到很好的施药防治效果。

2. 针对具体部位施药

农作物病虫害要具体问题具体分析、具体治理。农作物精准施药，不仅要体现在区域精准，还要体现在施药部位精准，农业生产经营者应深入农田，实地观察、总结不同病虫在农作物不同部位的出现情况，适当调整施药的药物性质与药液剂量，从而确定最优的施药方式，以此最大化发挥农作物精准施药技术的作用。

3. 科学用药

不同类型的病虫草害，其出现的原因、危害特点以及有效防治农药种类都有所不同，所以在农作物精准施药技术中要体现用药科学性。对于不同的病虫草害，采取不同的防治农药，并留心复查、总结病虫草害的除治效果与抗药性情况，确保下次用药剂量合适、施药效果提升。目前国内在农药品种的开发上，已经有了环保的新型农药——药肥，既可以治理农作物的病虫草害，又能转化为农作物所需的肥力，还能降低环境污染。

4. 合理使用不同施药器械

农作物在生长过程中，幼苗期个体小，比较脆弱，在施药工具的选择上，就需要使用相对小一点的药液喷雾器械；等到农作物长大长高后，施药的面积也增大很多，此时就需要使用低空植保机等大型喷洒施药器械。农业生产经营者要根据农作物的生长规律，准备合适的施药器械，这样才能充分发挥农作物精准施药技术的作用。

5. 配兑合适药量

对于农作物的病虫草害治理，不能盲目地认为一定得用大剂量的药才能完全防治，这只会造成农药浪费，并加大环境的污染。其实某些病虫草害，对农药的抵抗力比较弱，只需施以少量的农药就能进行防治。因此，农业生产经营者要善于总结各类病虫草害防治效果，综合考虑防治计划，通过合适的施药剂量来达到良好的治理效果。

二、防飘移施药技术

国内相关研究主要聚焦于雾滴飘移的影响因素、用于预测飘移的模型、地面施药机具和航空喷雾时的飘移情况、减少飘移的技术手段，具体如静电喷雾、低容量喷雾、防飘喷雾等技术，从而实现精准施药。

（一）防飘移喷头

植保机械作业中喷头是重要的部件，是保证施药效果的重要因素。药液雾化过程受喷头影响，其性能好坏直接影响喷雾质量。喷雾过程中，药液通过喷头雾化成不同大小的雾滴并分布在靶标作物表面上。在一定流速、压力等施药参数下，雾滴密度、粒径、分布状况等由喷头决定，从而影响药液雾滴的沉积与飘移。近年来美国 Lurmark、德国 Lechler 等公司设计并制造了许多类型的防飘喷头，其中 ID/IDK/IDKT 防飘射流式喷头雾滴覆盖较为均匀并且雾滴飘移量低，在 3～4 级风下防飘效果可以达到 95%以上，5 级风防飘效果仍可以达到 70%以上。

（二）静电防飘移喷雾

Castleman 等发现药液在雾化过程中液膜首先破裂成液丝，然后破碎形成雾滴，其通过建立数学模型计算出雾滴的直径以及雾滴表面所带的荷电量，解释了液体表面张力等性质的改变影响药液雾化的过程。杨洲等利用喷杆式静电喷雾机进行雾滴飘移试验，研究静电喷雾雾滴在不同风速和静电电压条件下的飘移规律，通过分析雾滴运动规律得到以下结论：雾滴粒径与静电电压呈负相关，雾滴荷质与静电电压呈正相关。雾滴的飘移中心距离和飘移率随风速和电压的增加而增大。

传统的施药技术存在雾化差、药滴大的短板，非常容易出现药滴喷溅和反弹，在单位时间内喷出的药液量远远超过农作物防治病虫草害的实际需求量，并且药液在农作物上的附着率很低，更不用说附着在靶标背面。经过几代人的潜心研发，我国近年来终于掌握了静电喷雾技术，该技术通过高压空气，把药液撕碎成较小的雾滴，然后使用静电发生装置，利用高压静电在喷头与靶标作物之间建立一个带电的场，雾滴雾化后通过静电场，在静电场运动过程中形成带电雾滴，然后在静电场力和其他外力的联合作用下，带电荷的雾滴被靶标作物吸附，沉积在作物的各个部位（图 1-13）。静电喷雾技术可以提高药液在作物冠层的中下部的沉积以及叶片背面药液的附着能力，与传统的喷雾设备相比，雾滴粒轻小、药液附着量大、穿透性强，能够沉降在靶标作物叶片的正反两面，使农药雾滴沉积率提高的同时减少雾滴飘移，改善施药区域周围的生态环境。

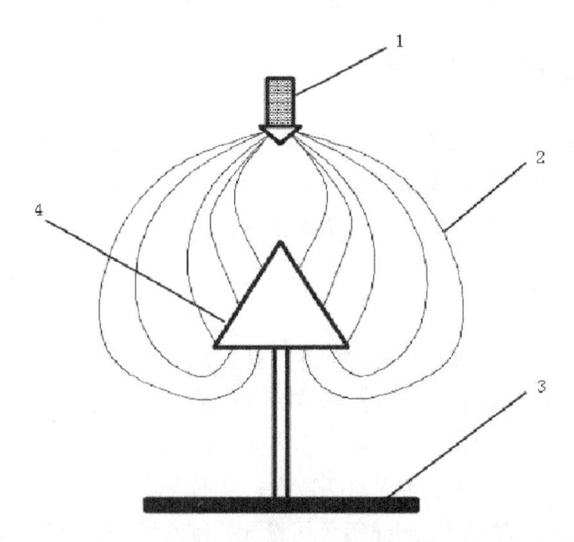

图 1-13 静电喷雾技术

1—静电喷头；2—电场线；3—地面；4—农作物

（三）气流辅助式防飘移喷雾

祁力钧等基于计算流体力学（computational fluid dynamics，CFD）技术建立果园风送式喷雾机雾滴沉积分布模型，研究结果表明：与风扇中心距离增加，雾滴飘移量、沉积量和蒸发量均增大。May 和 Nordbo 等人的研究结果表明，药液能够在气流的辅助作用下沉积到植物叶片背面，在靶标作物上的沉积率也有所提高，并且在进行小喷量植保作业过程中能够提高喷雾机械的施药稳定性。Tay 等结合数值模拟研究了风幕气体辅助喷杆在无冠层情况下的喷雾飘移特性，确定了最佳风幕设计参数以保证喷雾飘移量最小。刘雪美等设计了 3MQ-600 型导流式气流辅助喷杆弥雾机，在风筒内部加装的新型栅格状导流器改变了风筒内的流场，减小了因涡流引起的能量损耗。

（四）超低量防飘移喷雾

低量喷雾技术是在单位面积有效农药含量不变情况下，通过提高喷雾药液的浓度从而减少总喷液量的施药技术，近年来被广泛应用于植物保护。超低量喷雾施药量平均每公顷不到 5L（330mL/亩）就能达到良好的防治效果，主要操作方式是通过改善农药雾滴粒径大小并利用风场的影响使农药雾滴沉积分布于靶标作物叶片的正反面，从而提高农药利用率。彭军等利用 FLUENT 软件模拟分析发现在风送液力式超低量喷雾设备的风筒中安装起涡器叶片能够改善药液的雾化效果，对细小雾滴的飘移起到抑制作用。刘青等根据二相流理论和流体力学原理，将翼形的对称导流器加装在风筒中，使 9WZCD-25 型风送式超低量喷雾机的雾滴分布更加均匀、雾滴密度更大，提高了 22%～46%的喷幅。

（五）变量防飘移喷雾

变量喷雾作为实现精准施药的手段之一，近年来受到越来越多的关注。其通过获取田间病虫草害面积、作物行距、株密度等靶标作物的相关信息，以及实时获取施药设备位置、作业速度、喷雾压力等施药参数的相关信息，综合处理作物和喷雾装置的各种信息从而根据需求实现对靶标作物的精准施药。与传统大容量喷雾技术相比，变量喷施技术可以缓解农药过量使用的问题，在节约农药的同时降低了喷雾过程中雾滴发生飘移的风险，提高了农药的防治效率，减轻对环境的污染，使农业保持可持续发展。目前，主要通过以下 3 种方式实现变量施药控制：压力调节式、浓度调节式和脉冲宽度调制（pulse width modulation，PWM）间歇喷雾流量调节式。1990 年 Giles 等初次将电磁阀和喷头组合实现变量喷雾，并在固定频率下测试了雾滴粒径和雾化过程。随后的更多学者和研究人员针对变量施药技术开展大量的研究工作。邓巍等定量比较了压力式、PWM 间歇式和 PWM 连续式变量对喷雾的雾化特性的影响。陈勇等研究开发出一个变量喷雾控制系统，根据机器视觉和模糊控制的原理，综合树冠面积、喷雾距离等信息，模糊判断出靶标树木的大小和远近，根据以上信息选择不同的喷头组合，通过控制喷雾设备的喷雾流量和喷头射程，实现对靶标植物的精准智能喷雾，从而大幅减少农药用量。Hossein 等在喷雾装置上安装超声波传感器，实时检测与靶标作物的距离并利用 MLP 神经网络估算出靶标植株的体积，在电子控制单元作用下，通过控制喷头的开闭及流量变化实现变量施药。与传统的恒量喷药相比，该系统在作物顶部、中部、底部冠层节约喷雾药量 41.3%、25.6%、36.5%。

三、变量喷洒技术

植保无人机在整个工作过程中，需要经历悬停、加速、匀速航行、减速等状态，其飞行速度也是一个变化的过程。如果喷洒的量是恒定的话，就会出现速度慢和悬停的时候喷得多，而速度快的时候喷得少，喷洒不均匀的问题。做到每一处喷洒的药量均衡，是精准喷洒的最基本要求。这就要求植保无人机做到变量喷洒，即植保无人机在飞行过程中，其控制系统会根据飞行速度的变化，自动调节喷洒量，这就是变量喷洒技术。传统的变量农药喷洒采用压力控制流量的方式，因此流量的改变就需要在一定范围内改变压力，而压力的改变必然会导致喷雾颗粒大小的变化，从而造成喷药的不稳定。目前，已有多种变量喷洒技术，如基于 PWM 的变量喷洒系统；精准可控制粒径的喷头；针对不连续种植设计的基于红外感应的对靶变量喷雾控制技术等。

四、飞行辅助技术

随着产业化发展，植保无人机整体质量有了较大幅度的提高。而一系列高新技术如 RTK、地形跟随、随速喷洒等的广泛融合应用，强化或完善了无人机的飞行功能，大幅提升了作业的精准度和智能化，对作业质量的提高起到了决定性的作用，也使得植保无人机全自主飞行成为现实。

（一）RTK 技术

RTK（real-time kinematic）又称载波相位差分定位，是一种实时动态定位技术。传统定位技术一般采用全球定位系统（GPS）、北斗卫星导航系统（BDS）或格洛纳斯系统（GLONASS）。但采用上述卫星导航系统获取的定位是一个宽度在 10m 以内的区域，依此定位的飞行轨迹是条歪歪扭扭的曲线，每次飞行的曲线还不一致，很可能导致施药作业时重喷、漏喷。使用 RTK 技术可以大幅消除定位中的公共误差，将植保无人机的航线定位控制在宽度 10cm 以内的区域，定位精度从米级跃升至厘米级，保证了植保无人机基本实现直线飞行，有效解决了作业时重喷、漏喷的问题，喷洒药液更均匀、可控。目前，RTK 技术已与移动互联网技术结合，由一代的单点接入发展到二代的网络化接入。

（二）地形跟随技术

地形跟随技术又称仿地飞行技术，是定高技术的一种应用。植保无人机作业时，无论地面和植被是否起伏，均需保证在固定的相对高度飞行，以达到均匀喷洒效果。目前，植保无人机通过搭载超声波、激光、毫米雷达波等定高模块，基本实现了作业过程中始终与作物顶端保持 1～2m 的相对高度，保证了喷雾精度与喷洒效果。

1. 基于超声波传感器的仿地定高飞行控制技术

超声波传感器测距是一种非接触式测距方法，其工作原理是基于声速在既定的均匀媒介里传播速度有一恒定值，利用发送和接收超声波信号时间差和声音传播的速度之间的关系，从而计算出超声波传感器与物体之间的距离。超声波传感器测距原理简单、成本低廉，且受颜色、光照和电磁场等干扰较小，因此目前应用较广泛，在早期的微小型无人机辅助定高飞行控制中，超声波传感器的应用比较常见。

（1）超声波必须用于能充分反射声波和传播声波的对象，当作物冠层稀疏不匀或冠层结构变化剧烈时，其测量精度将受到影响。

（2）超声波的传播速度受传播介质的密度、压力与温度等因素影响，植保无人机快速飞行作业中，需要对测量方法进行相对较复杂的修正和补偿，测量装置的成本及响应速度会受到影响。

（3）由于发射功率有限，测量距离通常为 10m 以内，而且超声波测量时通常存在固有测量盲区（0.25～0.8m），被测的最高物位如进入盲区，将无法进行正确的测量。

因此，国内一些企业在早期推出的植保无人机上使用超声波传感器进行植保无人机的仿地定高飞行控制，但实际应用效果并不理想，在后续产品的升级中基本上都摒弃了超声波传感器。

2. 基于激光雷达的仿地定高飞行控制技术

激光雷达基于 TOF（飞行时间）原理，其中常用的红外光源有 905nm 和 850nm。TOF 激光雷达最初是为了快速测距而设计的，一般是周期性向外发出近红外调制波，调制波遇到物体后反射，通过测量调制波往返相位差得到飞行时间，从而计算出该模块与被测目标之间的相对距离。TOF 激光雷达在室外环境容易受光照干扰，随着测量距离的增加会使测量误差增大。熊伟翔等基于旋转激光雷达扫描室内空间实现高精度定位，但只针对于水平二维的定位建图，不能实现三维的定位建图。文恬等基于两个激光传感器模块实现了地形匹配的方法，结合 DMC-PID 控制器，大大减少了无人机高度控制的滞后性、大惯性下的超调性和过渡时间，但单线雷达扫描的地形面积不大，仿地飞行依然会产生延迟。杨凡等基于无人机的 VUX 激光雷达扫描低矮植被的方式测量作物高度可达厘米级精度，利用测高技术还可以反演推算生物量和植被长势信息，但是该激光雷达成本较高，无法在植保无人机上推广应用。

3. 基于毫米波雷达的仿地定高飞行控制技术

毫米波雷达是指工作在 30～300GHz 频域的雷达，发射频率高，具有较强的抗干扰能力。毫米波的波长介于微波和厘米波之间，因而毫米波雷达兼备有微波雷达和光电雷达的一些优点，如可穿透雾、烟、灰尘的能力，具有全天候（大雨天除外）全天时的特点。毫米波雷达测距方法具备全天候应用的优势，不仅在无人驾驶领域上适用，也是植保无人机生产企业青睐的仿地定高传感器。吴开华等基于 3 个毫米波雷达的高度融合算法实现了植保无人机高精度的仿地定高飞行。但该仿地定高飞行技术爬坡和下坡阶段误差在 40cm 以内，对于精准施药而言精度较差。此外，一些植保无人机生产企业采用旋转式毫米波全向雷达，但旋转式结构容易磨损，不仅影响使用寿命，也会增加测量误差，相应抬高了使用成本。

4. 基于 GNSS 系统的定高飞行控制技术

GNSS 的全称为全球导航卫星系统（global navigation satellite system），泛指所有的卫星导航系统，包括美国的 GPS、俄罗斯的 Glonass、欧洲的 Galileo、中国的北斗卫星导航系统等。在植保无人机的应用中，GNSS 能提供飞机的高程及经纬坐标数据，可用来实现植保无人机的航线飞行作业。但由于 GNSS 提供的高程数据是绝对坐标数据，很难提供飞机与作物冠层之间的实时相对距离数据，所以 GNSS 用于仿地定高飞行比较困难。

5. 基于气压传感器的定高飞行控制技术

数字气压传感器能够获得外界的气压值和温度值，利用大气压的特性计算出海拔高度。通常气压受影响因素较多，比如空气密度在大范围内是不均匀的，所以会产生测量误差。当无人机飞行高度变化时，导致气压传感器数值变化，因此可以通过气压传感器测量环境大气压的方式间接获取无人机的绝对高度。由于植保无人机在飞行过程中，受旋翼气流的干扰，风场气压的变化比较复杂，所以对气压计测量的气压实际值影响较大，无人机安装气压计区域需要避免复杂的气流流动。另外空气的温湿度因素和传感器的电压波动也会导致气压计测量数据出现误差。一般情况下，气压计需要经常标定或补偿，测量精度在短时间内可达厘米级，但是在长时间的测量过程中会产生飘移误差。基于气压传感器定高飞行技术所面临的问题，许多学者根据气压物理特性，设计出高精度的气压传感器。袁少强等利用静压特性，设计出一款压阻硅式绝压传感器，实现了灵敏度较高的定高系统。法国 Parrot 公司的 Babel 等提出一种无人机高度估计方法，该方法是基于气压传感器的原始高度数据和补偿观测器的观测高度，其中高度补偿观测器数据来源于姿态传感器和风速传感器，最终解算出以地面为参考系的无人机绝对高度值。虽然大部分植保无人机都搭配有气压传感器模块，但只适用于绝对高度的定位，有一定的局限性。另外，气压传感器在无人机近地飞行时，受地面气流效应影响较大，测量误差较大，所以通常气压传感器只作为辅助定高。

6. 基于视觉传感器的仿地定高飞行控制技术

双目视觉的原理是通过计算两个摄像头所拍摄的两幅图像的视差，直接对前方景象进行距离测量。经历了几十年的发展，双目视觉在军事、医学成像等领域应用越来越广。周武根等基于视觉 SLAM 实现无人机在棚内煤场自主飞行与地图构建，可以适用于无 GPS 的室内环境，同时利用视觉传感器实现了视觉成像，构建了接近实际的煤储量估计。史珂路等在无人机高空火灾测距方面，基于融合动态模板的双目视觉算法获得了较好的测量精度。宋宇等设计的双光流传感器在室内环境下实现无人机实时高度测量，结合扩展卡尔曼滤波得到机身的位置、速度、姿态等信息，能提供更准确的导航信息。目前，视觉传感器已在植保无人机上得到了应用，但视觉传感器受外物污染时会影响可靠性和精度，特别是植保无人机施药作业时，极易受到农药污染。因此，恶劣的作业环境，视觉传感器的用途是不太可靠的。

第二章 植保无人机结构及功能对飞防的影响

植保无人机是数字化、自动化程度较高的施药机械，由于其具有灵活、适应范围广、对地面设施依赖小、硬件投入门槛较低、操作简便等优点，已被广泛应用于农业病虫害防治领域。随着生产上的广泛应用，如何提高植保无人机施药作业的效果与效率已成为研究热点。植保无人机的发展历程还很短，截至目前尚未形成一套完整、成熟的作业技术体系，作业效果整体稳定性较差。对综合作业实践与相关报道进行分析，发现植保无人机的结构及功能对植保无人机作业效果具有一定影响。

第一节　植保无人机旋翼对飞防的影响

无人机喷洒作业过程中，旋翼在为机身提供升力的同时会产生下洗气流，下洗气流会“裹挟”机身及喷头，对作业效果影响很大，主要体现在两个方面。

（1）对雾滴产生挟带输运效应，影响雾滴空间分布。

（2）下洗气流进至作物冠层处时会引起作物冠层扰动，形成冠层涡旋，处于涡旋中的植株剧烈摆动，叶片会发生翻转，影响雾滴最终沉积在作物上的位置。

这两点是植保无人机作业的固有特征。理论上，下洗气流扰动并掀翻作物叶片可促进叶片背面的雾滴沉积，这对防治寄宿在叶片背面的害虫具有积极意义。

但实际作业时，无人机旋翼下洗气流对作物冠层的扰动区域和雾滴沉积区域均会滞后，并不一定重合，两区域间距随着无人机作业速度的变化而变化，导致下洗气流使叶片翻转后，雾滴未必能及时有效地沉积在叶片背面上，这是无人机施药系统所存在的一个不足。

一、单旋翼植保无人机

单旋翼植保无人机操控主要是依靠调整主桨的角度，来实现无人机前进、后退、上升、下降等动作，转向是通过调整尾部的尾桨实现的，单旋翼植保无人机的特点是风场稳定单一（主桨和尾桨的风场相互干扰的概率极低）、下压风场大；桨叶产生的下洗气流能够翻动作物叶片，从而使药液到达作物下部和叶片的背部；能够满足多种作物，如大田作物、高秆作物、果树和较茂密作物的作业需求，适用于不同的作物及其生长情况；作业周期长；功效比较高，目前单旋翼植保无人机的功效比已经达到 1∶2.5 左右，能耗相比于多旋翼植保无人机较低。

单旋翼无人机的起飞过程主要依靠旋翼桨叶绕旋翼轴运动，由于旋翼上下表面的形状不同而产生压力差，导致旋翼上下表面气流流速不同，升力与重力的大小关系决定了无人机的状态（悬停、起飞、降落）。单旋翼无人机喷施作业时自带旋翼风场，旋翼风场会直接作用在农作物和所喷施的雾滴上，风场的变化直接影响雾滴的降落位置。

根据直升机空气动力学原理，旋翼流场是由旋翼桨叶绕旋翼轴运动时，气流经过旋翼表面被分流从而形成涡旋，气流因受旋翼作用而加速向下流动，气流速度增加量就是该处的诱导速度。在直升机领域，涡量和涡型等参数主要是为优化旋翼设计的。而在航空植保领域，对流场的研究集中在旋翼下方的气流上，所以将诱导速度作为考量流场特性的参数，在研究中主要分析流场气流速度分布。

（一）速度流线

分析距离旋翼 1.0～2.5m 四个高度下各高度速度矢量。无人机旋翼下方的区域风场分别呈现不同形态。距离为 1.0m 时，在旋翼正下方比旋翼直径略小的圆形区域速度值较小，达到接近旋翼外缘位置时速度出现了一段很窄的高流速区间，接下来速度呈现一个急速的下降，随着旋翼轴径向距离增大，速度呈较为平缓的下降趋势。从流线的形态上分析，在机身下方旋翼轴附近小于旋翼直径的区域呈凹陷状，此处的流线较为平稳，流线方向基本向下，说明这一范围内的气流流动比较平稳；在旋翼桨叶外缘正下方的一小片环状分布的区域呈凸起状，此处流线也很规律，方向竖直向下，说明此环状区域流速很高且流向比较统一；继续沿旋翼径向向外，流线的规律性开始减弱，随着径向距离增加，流线逐渐趋于平缓。

对比四个高度下的风场分布可以得出：环状高流速区域随高度增加其直径扩大，流速降低；流速分布自旋翼轴心呈现先增大后急速降低的趋势；高度越大，流线越混乱，受旋翼影响的范围也越大。

（二）不同方向的旋翼流场

分别选取旋翼下方1.0m、2.0m和3.0m处*X-Y*平面速度云图风场进行分析。最大风速位置位于旋翼远轴端下方，流场总速度呈现出由近轴端至远轴端先增大后减少趋势；由上至下，分布范围逐渐增大的趋势。由于受到机身的阻挡作用，机身正下方位置的速度分布比较紊乱，在3.0m处由于距离地面较近，受地效作用影响，速度趋势分布不明显。

分析无人机旋翼下方0.5～3.0m处速度分布。当距离旋翼不大于2.0m时，流场速度分布主要集中在旋翼正下方，最大速度区域呈圆环形且处于旋翼桨叶远离轴心的最远端下方，越接近旋翼轴心速度呈梯度递减，且在轴心附近形成较为平稳的速度区域，随高度距离增加流场峰值速度分布略有外展；高度距离大于2.0m时，速度分布开始脱离旋翼正下方区域向四周扩散，速度等势线分布开始变得紊乱，随高度距离增加流场变得越复杂。

分析无人机前进方向*X*（飞机正前方）分别为0m、0.5m和−0.5m处风场速度。在*X*=0m处旋翼流场经旋翼位置向下先略有收缩，随着高度下降速度逐渐向两侧外展，速度峰值集中在旋翼桨叶远离轴心端的下方。在两侧峰值速度之间的区域速度较为平稳，变化很小；在*X*=0.5m处由于受机身影响，机身下方的速度分布相较于*X*=0m处有了较为显著的变化，速度平稳区域变小变窄，速度变化区域随高度下降增大。在两侧峰值速度远离轴心方向上，在2m高度开始速度分布有明显变化，代表了流场中气流在此处向外卷扬；而在*X*=−0.5m处，由于此截面旋翼下方机身部分为尾杆，其体积小，对旋翼风影响微弱，故速度分布在旋翼下方没有被分开，速度峰值仍然处于旋翼外缘下方区域。在两侧峰值速度之间区域的速度分布，相较于*X*=0m处，速度值有明显上升。

分析垂直无人机前进方向，*Y*（飞机侧方）分别为0m、0.5m和−0.5m处风场速度。旋翼流场由于受到机身前部的影响，速度分布向近轴端收缩较小，而在机身后部因尾杆体积小对气流阻碍不明显，流场速度有一个向内收缩并随高度下降向外扩展。在机身左右对称位置平面，速度的分布情况是非常类似的，说明旋翼旋转的方向不是旋翼流场空间速度大小的主要影响因素。

（三）不同高度的旋翼流场

植保无人机在喷施作业过程中，旋翼流场直接作用在作物冠层上，流场在冠层高度上各个位置风速大小和方向的分布直接影响喷施效果。为明确旋翼流场在不同高度层速度分布状况，选取与无人机前进方向平行的铅垂面和与无人机前进方向垂直的铅垂面为参考平面，并分别在这两个参考面上各设置 6 条速度检测线，检测线与地面平行且距离无人机旋翼下方依次为 0.5m、1.0m、1.5m、2.0m、2.5m 和 3.0m，分析植保无人机不同高度下的旋翼风场。

分析旋翼下方 0.5m、1.0m、1.5m 处速度分布，在无人机前进方向平行的铅垂面上 6 条检测线得出的旋翼流畅呈轴对称分布，且速度峰值都出现在 9/10 旋翼半径长度处的正下方，0.5m 时达到峰值速度；从旋翼下方 2.0m、2.5m、3.0m 处开始，速度峰值位置变化明显：在机头一侧，速度峰值基本集中在距旋翼轴水平 2.4m 处，而在机尾一侧，速度峰值随高度变小且位置依次向外侧扩展。旋翼正下方自旋翼轴沿旋翼方向速度先增大后减小，在旋翼端附近速度达到峰值。旋翼下洗气流速度峰值在不同高度均位于旋翼远轴端下方。当与旋翼距离不大于 1.5m 时，下洗流场的速度以旋翼轴为基准呈现轴对称分布，峰值速度内速度变化率基本一致，与旋翼距离大于 2.0m 时下洗流场中的紊流使得流场变得复杂，据此判断无人机最佳飞行高度为 1.5m。流场中近地位置会受到地效作用影响，局部速度方向会发生变化。

二、多旋翼植保无人机

（一）四旋翼无人机

研究四旋翼无人机旋翼下方风场水平和竖直分布分析不同高度截面下的风场速度和旋翼处主视切面风场速度，可以得到旋翼下方风场的分布特征。

① 旋翼风场以螺旋桨轴心中线作为对称中心，通过螺旋桨曲面形状卷起，从而产生了旋翼风场。

② 由于四个旋翼不同方向旋转，对空气进行切割扰动，产生的空气压强差效果，将旋翼附近空气气流引导至旋翼的风场中去，形成相互扰动的气流场。

③ 旋翼下方的风场速度在桨毂和桨尖区域变化不显著，而在旋翼中段区域速度变化显著，速度表现为先增大后减小的形式。

④ 旋翼下方风场速度最大的分布区域，主要分布在旋翼桨叶（0.8R）范围内的正下方，无人机风场在旋翼桨毂的正下方是分开的，流场随着高度的降低而逐渐聚合。分析四旋翼无人机纵向切面风场速度，每个旋翼下方的风场速度分布存在“明显的不对称性”，这是由于相邻旋翼的旋转定律决定的。当旋翼出现外旋（两螺旋桨是由内向外的对立旋转）时，两个旋翼将气流引导向外流动。与此相反，当旋翼表现为内旋（两螺旋桨是由外向内的对立旋转）时，两个旋翼将气流引导向内流动。随着高度的降低，旋翼对气流的诱导作用逐渐减弱。旋翼引导显著区域出现在旋翼周围，此时旋翼附近风场速度较大且不均匀。在不靠近旋翼的垂直区域内，旋翼间产生风场相互作用，形成湍流效应。

（二）六旋翼无人机

依照四旋翼无人机风场分布特点，在保证旋翼旋转工作时，探究旋翼风场分布规律，根据现有的四旋翼无人机的特殊形态，增加两个旋翼，组合成六旋翼无人机。

分析不同高度下六旋翼桨盘的速度，随着风场高度降低，风场下方气流场呈现先收缩后扩张的趋势。在 0～0.5m 区域内，由于螺旋桨高速转动，使得旋翼边缘附近出现低压区域，同时旋翼下方区域则形成了较高的压力区域，造成一定压力差。该压力差不仅可使旋翼产生升力，而且在外部大气压强作用下，下方气流场中将出现向内收缩的涡流；在 0.5～1.5m 区域内旋翼下方气流压强差显著减小，直到发展到地面后，发生“停滞现象”，呈现出扩张趋势，此时风场速度均趋于均匀。旋翼风场可分为高速区、中速区、低速区三种速度分布，高速区域和低速区域存在显著差异性，尤其在旋翼附近的区域。随着风场高度降低，高速区域逐渐减小，最大速度也呈下降趋势。

六旋翼无人机机头、机身、机尾三个纵向截面的旋翼风场分布存在一定差异性。通过机身纵向切面分析，机身切面内的一对旋翼距离较大，尽管两旋翼下方风场随着高度的降低，表现为向内相互收缩的趋势，风场速度分布较为稳定，但在旋翼附近的中间区域呈现一定范围的低速区。由此可知，该区域的风场不利于无人机喷洒作业，不能辅助雾滴打到作物表面，最终在机身位置进行喷洒作业，雾滴沉积分布将存在较大的漏喷现象；由机头切面和机尾切面分析，截面处的两对旋翼相对于机身位置旋翼距离较小且相等，但由于机身、机尾处旋翼的旋向不同，出现外旋与内旋两种类型，导致旋翼下方风场分布也存在一定的差异性。机身切面内一对旋翼是由里往外的旋转，当两旋翼桨尖旋转至相距最小的临界点时，下一刻即将往外旋转，使得两旋翼风场出现向外扩散的现象，但造成了在截面中心区域出现了小范围的低速区。而从机尾切面分析，机尾切面内的一对旋翼是由外往里的旋转，当两旋翼桨尖旋转至相距最小的临界点时，下一刻即将往里旋转，导致了两旋翼风场切面出现向内收缩的趋势。

（三）八旋翼无人机

不同高度下八旋翼桨盘旋翼风场速度分布表明，旋翼下方 Y 方向的风场速度在向下冲洗气流的过程中占有主导作用，垂直于旋翼下方风场速度分布显著。当旋翼下方气流向下扩散至一定高度后，Y 方向风场速度分量的气流呈现停滞趋势，而 Z 方向和 X 方向速度分量分别出现明显增加现象。

分析八旋翼无人机纵向切面速度可知，八旋翼旋转过程形成的风场干扰作用，旋翼外部气压大于旋翼螺旋桨下方气流区域压力，外部气流随即流向旋翼下方的中心区域，使得 X、Y、Z 速度分量分布在多个螺旋桨之间的纵向切面中的影响十分显著，导致该切面中的多个速度峰值完全不同，尤其是在旋翼间的中间区域，这是由于相邻的旋翼旋转引起气流流向旋翼内，则两个旋翼之间的最大风速值显然会叠加更大。随着风场距旋翼的距离越来越远，旋翼下方气流也逐渐减弱，并且在 *XOZ* 径向截面上风场速度分布趋于均匀。

三、旋翼风场对农药雾滴沉积的影响

由空气动力学原理可知，无人机风场的形成与旋翼的转动呈直接影响关系。旋翼的旋转运动特征是影响旋翼下方风场的关键因素，对旋翼螺旋桨形成旋翼风场进行理论分析，探究风场自上而下的风速分布特点，研究风场辅助无人机喷洒过程原理，进一步分析雾滴在风场中的运动的受力情况，对植保无人机作业具有指导意义。

（一）旋翼风场形成

无人机的起飞过程主要依靠旋翼提供升力，当旋翼升力大于自身重力时，无人机便能起飞，且旋翼上方空气被吸入旋翼轴间平面并受压强差作用，使得空气流体向下速度急剧上升，最终形成旋翼下方气流。根据运动的相对性，旋翼的旋转运动相对于静止大气可以看作旋翼静止，空气以一定的速度向旋翼运动。由于机翼上部有迎角，同时旋翼上方呈现前窄后宽特征，当空气从旋翼前端急速流动到后端时，使得旋翼附近空气膨胀，导致旋翼上表面压力降低；而机翼下方呈现前宽后窄特征，当空气从宽的旋翼前端急速流向窄的后端时，使得旋翼下方附近空气压缩，导致下表面压力上升；同时旋翼上部压力低，下方压力高，形成压强差，最终形成了无人机的向上升力和旋翼下方风场。无人机旋翼转动时，无人机旋翼下方与机体外部形成低压与高压趋势，在一定压强差作用下，静止空气被旋翼吸入，且向下流动分布。气流向下流动过程中，旋翼间隙则出现风场涡流相互挤压效果，形成初步干扰现象。当相邻旋翼作用下的气流运动至地面时，气流卷起，形成近地面涡流，同时部分气流也向地平面逐渐延展开。

（二）旋翼风场对雾滴沉积的影响

分析植保作业时，雾滴沉积的过程分为雾滴在空气中的运动过程和雾滴在农作物表面的沉积过程。但在作业喷洒参数和外界因素共同作用下，使得雾滴易发生弥漫、蒸发和飘移现象。因此，改善雾滴的运动状态就能增加雾滴在农作物表面的沉积效果。雾滴在沉降过程中容易发生碰撞现象，碰撞的结果主要分为碰撞分离和碰撞融合两种形式，如图 2-1 所示。碰撞分离表示雾滴间产生碰撞时，较大雾滴在运动过程质量保持不变，但是雾滴运动的速度和方向发生改变，同时体积较小的雾滴则出现蒸发现象；碰撞融合表示雾滴碰撞时，多个雾滴之间发生融合，形成更大的雾滴，使得雾滴落在靶标上时，出现弥漫现象。同时，当喷头喷洒出较小的雾滴暴露在空气中时，由于温度较大，容易出现蒸发现象；当受到自然风场的作用时，较小雾滴也易出现飘移现象。

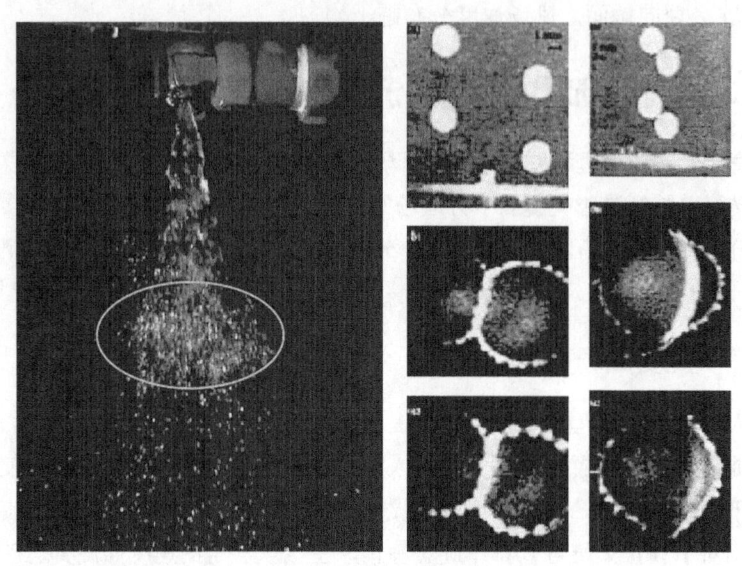

图 2-1　雾滴碰撞现象（符海霸，2008）

如图 2-2 所示，不同大小的雾滴在空气中受气流作用产生运动变化。体积大的雾滴在自身重力和惯性的作用下，会弥漫到冠层表面，导致农作物吸附过量雾滴；而体积较小的雾滴由于质量较轻，且在自然环境风的作用下，绕开作物出现飘移和蒸发现象。

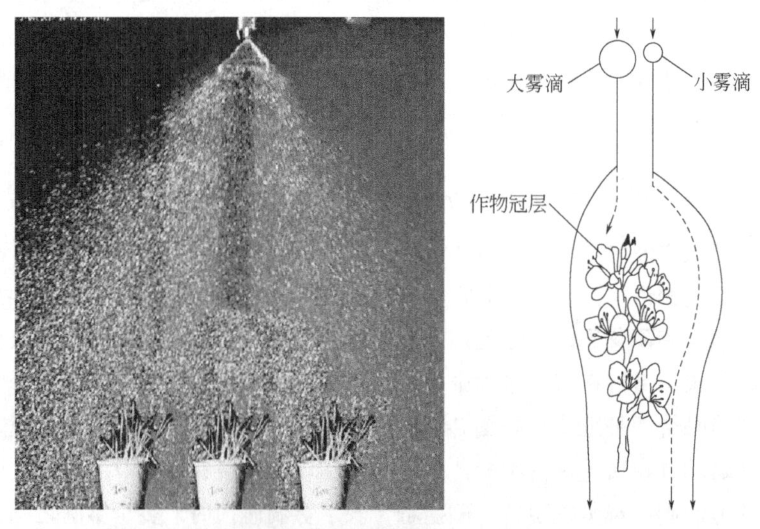

图 2-2　雾滴运动到作物靶标示意图（符海霸，2008）

在无人机喷洒系统施药后，雾滴运动至作物靶标的沉降过程受到旋翼风场的影响，雾滴在不同运动方向均受旋翼产生的轴向气流作用，雾滴均能吸附至作物冠层。由旋翼下方气流向下流动过程可以看出，旋翼气流在径向方向呈现出流动的稳定性特点。在此旋翼气流场作用下，利用聚合的气流作为雾滴运动的屏障，可以保证雾滴准确吸附到作物冠层，同时降低小体积雾滴飘移现象。在旋翼气流场作用下，使得雾滴运动至作物靶标的时间有所减少，促进雾滴在作物冠层的快速吸附过程，有利于降低自然风和其他作业因素导致的雾滴飘移、蒸发等影响。

由此可知，针对旋翼下方风场分布规律问题，进行风场模拟量化研究，进一步了解多旋翼无人机旋翼气流场的流动特征，可以为植保无人机喷洒过程雾滴沉积规律提供理论性研究依据。

第二节　植保无人机喷雾系统对飞防的影响

喷雾系统是植保无人机最重要的组成部分，其效率的高低直接决定植保效果的优劣。在无人机上搭载的药箱、液泵、管路系统、控制箱与雾化喷头共同组成了植保无人机喷洒系统。其中雾化喷头是喷洒系统中最重要的装置，对植保无人机的工作效果有直接影响。

目前，植保无人机雾化喷头主要有离心喷头和压力喷头这两种。离心喷头主要由雾化盘、导柱、螺套、流量器和喷头座等组成。在雾化盘的内壁上设有多个细槽，这些细槽的作用是让药液可以均匀分布，达到低量喷施的目的。塑料输药管与喷头的流量器相连接，喷头固定在喷杆上，由直流电动机提供动力，将药液经过输药管送至喷头，喷头在电动机的驱动下高速旋转，将药液破碎成小液滴，实现最终的雾化效果。雾化效果的优劣受电机电压稳定性的影响。此种喷头的优点是雾化效果好，药液粒径均匀。缺点主要是由于离心喷头压力不足，所以造成药液的飘移量大、穿透能力不强，对于一些高秆作物，达不到很好的防治效果。同时喷头也容易损坏，维修成本高。

压力喷头的构造相对于离心喷头较为简单，在液泵所产生压力的作用下，将流经喷嘴的药液挤压破碎成小液滴，达到最终的雾化效果。雾化效果的优劣受喷嘴的压力稳定性和孔径大小的影响，这种喷头的优点是成本较低，喷洒系统相对简单，药液的下压力大，对农作物的穿透力强，药液飘移量很少。缺点是药液雾化均匀性较差，在喷粉剂或者大粒径的药物时，喷头比较容易发生堵塞。

目前喷雾系统研究领域应用比较先进的技术一种是应用直流高压开关电源可以同时输出正、负高压的静电喷雾技术，在植保作业中提高农药雾滴在农作物叶面的附着率。另一种是利用 PWM 脉宽调制技术实现控制电机不同转速来控制最终喷头的流量实现变量喷雾，节省农药的使用量。

一、雾滴大小与施药效果的关系

从喷雾角度来看，无人机施药效果受到雾滴粒径、覆盖密度、药剂浓度、施药量等因素的综合影响。其中，雾滴粒径是与雾化喷头密切相关且较易控制的重要参数，也是衡量药液雾化程度和喷头雾化性能的主要指标。

根据不同病虫害的种类，农药达到最佳的防治效果时对应的雾滴粒径，称之为最佳生物粒径。在实际喷施过程中，雾滴粒径大，则动能较大，不易发生飘移和蒸发散失，但覆盖密度低，附着性和喷施均匀性较差，容易造成药液流失和水土污染；雾滴粒径小，则覆盖密度高，附着性与均匀性较好，穿透性强，不易发生药液流失，但容易受到气流与温度影响，造成农药飘移，可能对邻近作物造成药害。因此，农药雾滴粒径过大或过小均不能获得良好的施用效果。已有研究表明，在自然风空气流动的干扰以及高温高湿的作业环境下，粒径 100μm 以下的雾滴容易蒸发和飘移；粒径 100～300μm 的雾滴污染少，防治效果好；粒径 300μm 以上的雾滴动能大、沉降时间短、速度快，但不易附着在植被表面，造成农药流失。因此一般雾滴粒径在 100～300μm 范围内的防治效果最好。

不同生物靶标适宜的雾滴粒径范围不同，只有在最佳粒径范围内，靶标才能“捕获”更多的雾滴，防治效果才能达到最佳。使用农药防治不同的病虫草害时，最佳粒径范围各不相同。对于内吸性杀虫剂和杀菌剂，由于内吸作用，雾滴粒径与防治效果关系不显著；对于非内吸性杀虫剂和杀菌剂，雾滴粒径应控制在一定的范围内才能发挥较好的防效；而对于除草剂，考虑到农药飘移的风险，更应谨慎控制药液雾滴粒径。

按雾滴体积中径（VMD）对雾滴进行分类时，通常分为五种类型：气雾、中弥雾、细雾、中等雾和粗雾（表 2-1）。将喷雾量作为分类标准时，可以把农药喷雾分为三种适用范围：常规喷雾、低容量喷雾和超低容量喷雾，常规喷雾指的是大于或等于 $30L/hm^2$ 的喷洒量；低容量喷洒指的是 5～$30L/hm^2$（不包括 $5L/hm^2$ 和 $30L/hm^2$）的喷洒量；超低容量喷洒指的是小于或等于 $5L/hm^2$ 的喷洒量。由于雾滴粒径太小会造成雾滴的抗飘移性、抗蒸发性和沉积分布均匀性较差，所以航空植保一般不使用超低容量喷雾。在施药量相同的情况下，低容量喷雾比常规喷雾产生的雾滴粒径小、覆盖率大等，因此低容量喷雾对病虫害的防治效果比常规喷雾更好，所以低容量喷雾成为航空施药的主要喷雾方式。

表 2-1　雾滴类型、大小及适用范围

雾滴类型	VMD/μm	适用范围
气雾	小于 50	超低容量喷雾
中弥雾	51～100	超低容量喷雾
细雾	101～200	低容量喷雾
中等雾	201～400	高容量喷雾（常规喷雾）
粗雾	大于 400	高容量喷雾（常规喷雾）

当雾滴粒径小于 100μm 时，药液飘移比例会急剧增大。100μm 的雾滴在 25℃、相对湿度 30%的状况下，移动 75cm 后，雾滴直径会减小一半；大于 200μm 的雾滴相对不易挥发，下降速度快，抗飘移性要好于小雾滴。当雾滴粒径为 60μm 时，雾滴随风洞气流方向飘移距离最大为 30.25m，当雾滴粒径为 150μm 时，最大飘移为 10.76m，飘移量减少了将近 2/3。VMD 小于 200μm 的雾滴飘移率是 VMD 大于 500μm 的雾滴飘移量的 5～10 倍。VMD 为 290μm 的雾滴在水平方向上的飘移量是 VMD 为 420μm 的雾滴飘移量的 2 倍以上，VMD 为 175μm 的雾滴飘移量是 VMD 为 450μm 的雾滴飘移量的 5.5 倍左右。

二、喷嘴类型的影响

在植保无人机喷雾作业过程中，药液经过无人机的雾化装置——喷嘴进行雾化，形成具有不同大小的细小雾滴颗粒，并具有一定宽度的雾滴谱。不管是各种地面喷雾机还是各种航空喷雾机，喷嘴是农药雾化的核心部件。经过不同类型喷头雾化后的液滴的粒径也不同，而粒径大小会影响雾滴的沉积（表 2-2）。

表 2-2　不同压力下雾滴的平均直径

喷嘴类型	压力/MPa	平均直径/μm
扇形喷嘴 VP110-01	0.1	114
	0.2	100
	0.3	87
	0.4	81
	0.5	75
	0.6	71
扇形喷嘴 VP110-02	0.1	115
	0.2	99
	0.3	90
	0.4	81
	0.5	77
	0.6	74

续表

喷嘴类型	压力/MPa	平均直径/μm
扇形喷嘴 VP110-03	0.1	126
	0.2	106
	0.3	95
	0.4	83
	0.5	80
	0.6	78
扇形喷嘴 VP110-04	0.1	128
	0.2	112
	0.3	102
	0.4	94
	0.5	90
	0.6	81

目前植保无人机主要配备两种类型的喷嘴：液力雾化喷嘴（压力式喷嘴）和转盘式离心喷嘴（离心式喷嘴）。液力雾化喷嘴下压力较大，更适于对雾滴穿透性要求较高的作业，如对玉米等高秆作物的喷雾作业；转盘式离心喷嘴对药液的雾化效果好，适应范围广，但下压风场相对较小，更适于对雾滴分布均匀性要求较高的作业。两种喷嘴的性能对比见表 2-3。

表 2-3　压力式喷嘴和离心式喷嘴性能对比表

喷嘴类型	原理	特点
压力式喷嘴	药液通过液泵压力作用与空气高速撞击，破碎成细小的雾滴，雾滴粒径受喷头压力及喷头孔径影响	优势：喷雾压力大，雾滴初速度快，雾滴飘移和蒸发较少；价格低 劣势：雾滴均匀性较差，雾滴大小差异严重；部分农药剂型无法喷洒
离心式喷嘴	电机带动雾化盘高速旋转，通过离心力将药液分散成细小雾滴颗粒，雾滴粒径受电机转速、供液流量影响	优势：雾滴粒径均匀性较强；雾滴粒径可随时调节；可喷洒多种农药剂型 劣势：雾滴较细时易产生飘移；价格较高

第三章 植保无人机飞行参数对飞防的影响

植保无人机的飞行参数主要包括飞行速度、飞行高度、喷液流量、载药量等。这些参数都不同程度地影响着飞防的实际效果与效率。

第一节 飞行速度对飞防的影响

植保无人机目前已发展到第4代，随速喷洒（变量喷洒）功能已成为主流机型的标准配置。由于单喷头最大流量的限制，通过采取较高的飞行速度以提高作业效率已没有意义。

目前，作业实践中无人机的飞行速度一般设定在 4～6m/s，具体还会根据作物情况及防治对象的不同做适当调节。陶波等认为，电动多旋翼植保无人机的飞行速度为5m/s时，药液雾滴沉积效果最佳。

通过试验验证飞行速度对农药雾滴沉积的影响，测试植保无人机在飞行速度 3～6m/s 的条件下，农药雾滴的沉积率与飘移距离的关系，试验结果如图 3-1 所示。飞行速度为3m/s时，飘移距离10m处农药雾滴飘移率达到3.5%。飞行速度为4m/s时，农药雾滴沉积率达到70.6%。当飞行速度为5m/s时，农药雾滴沉积效果最好，达到73.2%，飘移距离10m处农药雾滴飘移率最少，仅为1.7%。飞行速度为6m/s时，农药雾滴的沉积率最差，仅为65.1%。

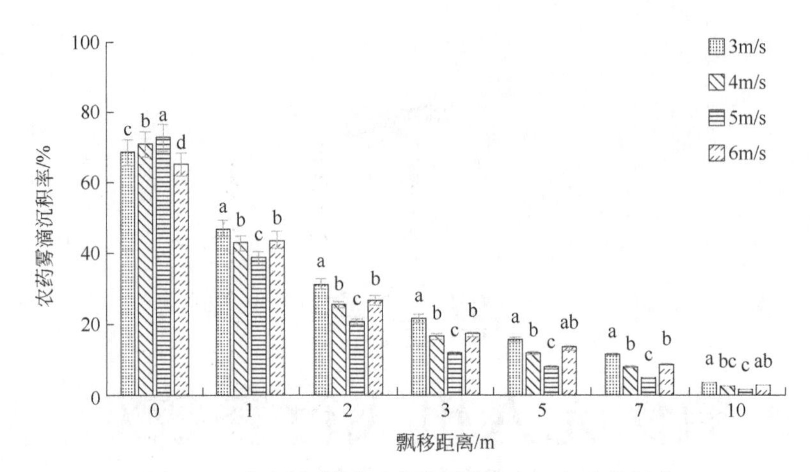

图 3-1 不同飞行速度对农药雾滴沉积、飘移的影响

结合无人机风场以及空气动力学分析，当无人机低速飞行时，旋翼下压风场小，导致农药雾滴易受自然风的影响，沉积量降低，飘移量升高。当无人机高速飞行时，旋翼下压风场大。但 4 个旋翼产生的风场存在相互影响，导致雾滴在空气中的分布不均匀，同时，由于飞行速度高，经过喷药区域单位时间内流出的农药雾滴少，结合两方面因素，当飞行速度高时，农药雾滴的沉积量降低，飘移量升高。因此，在进行田间飞防作业过程中，建议选择的飞行速度为 5m/s。但也应根据田间实际情况以及所喷施药剂类型进行调整，如喷施叶面肥时，应根据喷施叶面肥浓度适当调节无人机飞行速度，以免速度过低，导致喷施叶面肥浓度过高而造成肥害。

飞防作业中，农药雾滴飘移量随着作业速度的增加而显著增加。在飞机飞行速度为 6m/s 左右时，雾滴 VMD 约 130μm，相比飞行速度为 3m/s 条件下雾滴 VMD 减小了约 35%；雾滴体积中径随着飞机作业速度的增大而减小，雾滴飘移量也逐渐增加。当飞机航速超过 6m/s，离心式喷头和压力式喷头两种类型喷头的飘移都将大幅提升。同时作业速度过快，喷施出来的雾滴受到的剪切力增大，导致雾滴二次破碎，小雾滴的比例增大，从而导致雾滴更容易发生飘移。

第二节 飞行高度对飞防的影响

无人机作业高度过低和过高都会影响作物冠层的雾滴沉积量及沉积均匀性。当无人机作业高度过低时，相邻两个喷头的雾滴重叠量不足，喷头正下方附近沉积的雾滴数量多于重叠位置雾滴数量，由此导致雾滴分布整体呈现不均匀的趋势。当作业高度过高时，相邻喷头喷出雾滴重叠更充分，但高度过高会由于风速变大引起雾滴飘移。同时，当无人机作业高度增加时，旋翼下方竖直向下的风场会逐渐减弱，下压风场对雾滴的沉积均匀性作用有所减弱。

理论上，飞行高度越高，药液雾滴飘失及蒸发就越多，沉降到靶标上的雾滴量就越少。但是，对于负载较大（15L 以上）的植保无人机，由于其动力较强，过低飞行反而会导致下压风场过大，作物被吹倒，影响雾滴分布均匀程度。因此，植保无人机合理的飞行高度应根据机型来确定。

目前业界比较一致的看法，是将负载量为 10L 的多旋翼植保无人机的理想飞行高度，划定在距作物冠层以上 1～3m 的空间，通常以 1.5m 为最佳飞行高度。油动植保无人机由于采用汽油作燃料，动力较强，续航时间较长，为达到最佳作业效率，其负载量通常在 20L 以上，且飞机自重较大，因而油动植保无人机飞行作业所产生的下压风力远强于电动植保无人机，如将飞行高度设定得较低（2m 以下），反而不利于在靶标上形成均匀的附着效果。因此，对于油动植保无人机，应将飞行高度提高至 2～3m。

通过试验验证飞行高度对农药雾滴沉积的影响，测试植保无人机在飞行高度 1m、1.5m、2m、3m 条件下，农药雾滴的沉积与飘移关系，试验结果如图 3-2 所示。随着高度的升高，农药雾滴的沉积率逐渐降低，飘移量逐渐升高。喷雾高度 1m 时农药雾滴的沉积效果最佳，达到 73.2%，喷药高度 3m 时农药雾滴的沉积率最差，仅为 62.2%。飘移距离 10m 处，喷雾高度 1m 时农药雾滴的飘移量最小，仅为 1.7%，喷药高度 3m 时农药雾滴的飘移量最大，达到 3%。

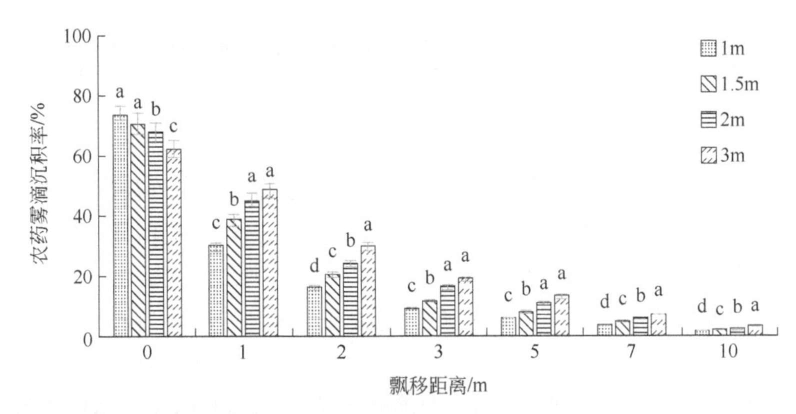

图 3-2　不同飞行高度对农药雾滴沉积、飘移的影响

此外，深入分析农药雾滴飘移距离与喷药高度的关系，可以得到以下结果。

（1）喷雾高度为 1m 时，雾滴沿风速方向飘移约 1m，雾滴约在 0.765s 后全部到达地面。

（2）喷雾高度为 1.5m 时，雾滴沿风速方向飘移约 1.5m，雾滴飘移至非靶标区约 0.2m，雾滴约在 1.19s 后全部到达地面。

（3）喷雾高度为 2m 时，雾滴沿风速方向飘移约 3.2m，雾滴飘移至非靶标区约 2.4m，雾滴约在 1.62s 后全部到达地面。

（4）喷雾高度为 3m 时，雾滴沿风速方向飘移约 5.5m，雾滴飘移至非靶标区约 3.5m，雾滴约在 1.7s 后全部到达地面。

由此可见，喷雾高度越高，雾滴飘移现象越明显，且高度变化对雾滴飘移的影响较为显著。

研究还发现，雾滴飘移量随着作业高度的降低和作业速度的减小而减少。当飞机飞行高度过高、飞行速度过快时，飞机下方的下旋气流减弱，侧风影响变大，从而造成雾滴发生飘移。将喷杆高度降低 20cm，相应地雾滴飘移量减少了 40.1%。将喷头升高 20cm，在下风向 2m 处的雾滴飘移量是原来的 4 倍。

在进行田间飞防作业过程中，不仅要考虑农药雾滴的飘移，同时也应考虑植保无人机旋翼风场对农作物的影响，因此，在高秆作物、叶片较为密集田块或需要农药雾滴穿透能力较强的作业环境时，可以选择喷雾高度距植株冠层 1～1.5m 处；在低秆作物等叶片或茎秆受风场影响较大环境时，可以选择喷雾高度距植株冠层 1.5～2m 处。也可根据田间实际作业环境适当调节植保无人机飞行高度，如水稻扬花期，为避免植保无人机旋翼风场对水稻影响，应适当调高植保无人机飞行高度，以免对水稻产量造成影响。

第三节 喷液流量对飞防的影响

由于无人机作业为低容量作业，亩喷液量应严格控制，否则极易出现药害。此外，植保无人机所用农药浓度较高，且稳定性和理化特性也与地面机械喷雾所用药液有较大差异，必须在规定时间内喷完，否则会出现析出、分层和沉淀等现象。因此，根据植保无人机的喷幅以及飞行速度选取适当的喷液流量尤为重要。

黑龙江省早期使用植保无人机作业的喷液量为 7.5L/hm^2，喷头堵塞情况普遍，作业的质量和效果受到影响。目前，在黑龙江省农作物重大病虫害统防统治中，已将植保无人机作业的喷液量提高至 15L/hm^2，喷头堵塞情况得以减轻，防治效果有所上升。此外，对于特定作物上的特定防治对象，喷液量还要进行调整。如 2018 年国家飞防联盟在黑龙江省虎林市进行的植保无人机联合测试结果表明，对于高秆作物玉米中、后期病虫害，植保无人机的喷液量需要增加到 22.5L/hm^2 以上才能保证较理想防效。

通过试验验证喷液流量对农药雾滴沉积的影响，测试植保无人机在喷液流量 1600mL/min、1800mL/min、2000mL/min、2200mL/min 条件下，农药雾滴的沉积与飘移关系，试验结果如图 3-3 所示。喷液流量 2200mL/min，农药雾滴沉积率最大，达到 75.4%，喷液流量 2000mL/min，农药雾滴沉积率为 74.9%，喷液流量 1800mL/min，农药雾滴沉积率为 73.2%，喷液流量 1600mL/min，农药雾滴沉积率为 67.8%，与前三个处理存在明显差异。分析飘移区内的水敏试纸，飘移距离 1～10m 处，喷液流量 1800mL/min，2000mL/min 两处理农药雾滴飘移率最低，喷液流量 2200mL/min 农药雾滴飘移率其次，喷液流量 1600mL/min 农药雾滴飘移率最高。

总体分析可以看出，喷液流量 1800mL/min 和 2000mL/min 时，农药雾滴的分布效果最好，由此可见，并非喷液流量越大，农药雾滴的分布效果越好，且当喷液流量过大时，单位时间内喷出农药雾滴过多，反而容易造成药害的发生。

通过对喷头液压进行分析发现，当喷液流量大时，液压大，农药雾滴受自然风影响小，导致飘移量少，同时经过喷药区域单位时间内流出的农药雾滴多，导致农药雾滴沉积高，飘移少。但是进行田间飞防作业时，也要考虑作业成本以及农药对作物的影响。一般进行飞防处理时，亩喷液量为 800～1000mL。以喷幅 4m，飞行速度 5m/s 为例，当喷药流量为 1800mL/min 时，亩喷液量 999mL；喷药流量为 2000mL/min 时，亩喷液量 1110mL；喷药流量为 2200mL/min 时，亩喷液量 1221mL。可见，喷药流量为 1800mL/min 时，亩喷液量适中；喷药流量为 2000mL/min、2200mL/min 时，亩喷液量略高，在田间飞防过程中，造成经济损失并易导致敏感作物产生药害。

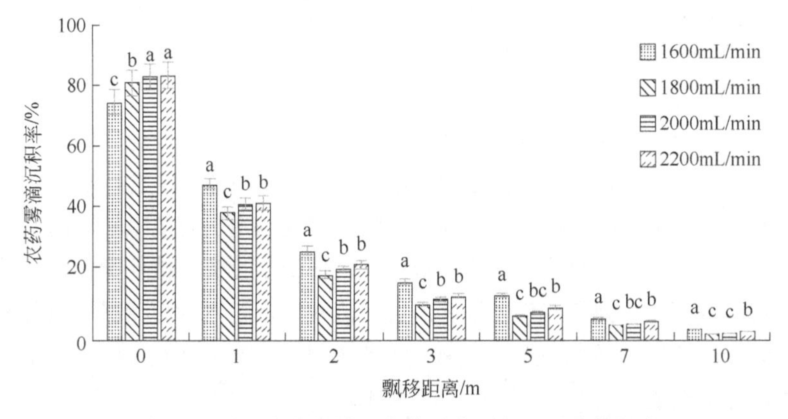

图 3-3　不同喷液流量对农药雾滴沉积、飘移的影响

第四节 载药量对飞防的影响

植保无人机载药量对农药雾滴的沉积也有一定影响。对不同飞行载荷下的旋翼风场进行探讨，再模拟计算飞行载荷为22kg、20kg、18kg、16kg、14kg、12kg、10kg，作业速度为0m/s（悬停）、1m/s、2m/s、3m/s，作业高度2m时，无人机右后（行进方向右后）、右前（行进方向右前）喷头喷雾的有效沉积率。

无人机飞行载荷从满载22kg降至自重10kg过程中，旋翼转数下降33%，无人机正下方1m处风速由约16m/s降至约11m/s，同时机身仰俯角增加约6°，使旋翼气流飘移更明显。旋翼风场流速随飞行载荷下降而减弱显著，穿透力减弱；受对向来流影响更小，行进后方旋翼风场对雾滴作用范围大于前旋翼风场；机身仰俯角的增加，使旋翼气流向后飘移加重；飞行速度越大，旋翼风场向后飘移越严重。

满载且悬停时，右后喷头雾滴有效沉积率可达85.1%；作业速度3m/s、飞行载荷10kg时，雾滴有效沉积率低至31.2%。无人机飞行载荷从22kg降至10kg过程中，平飞速度为0m/s、1m/s、2m/s、3m/s时，作业初段与末段相较，右后喷头喷施雾滴有效沉积率分别相差6%、9.1%、10.7%、11.7%。

平飞速度相同，大飞行载荷作业下的右后喷头雾滴有效沉积率优于小飞行载荷作业时。安全作业速度内，这种差距随作业速度提高更为显著。大飞行载荷作业时，无人机强旋翼风场使更多喷施雾滴被携带并快速向有效喷幅区运动，一定程度上削弱了正面来流对雾滴的影响，雾滴群总体抗飘移性更好。同一平飞速度，无人机小飞行载荷作业拥有更大机身仰俯角，且速度越高，仰俯角越大。仰俯角的增加使旋翼所在平面及喷嘴相对无人机行进方向逆向转动，旋翼风场随之转动，虽仰俯角增加不大，但增加了雾滴被旋翼风场携带而逃逸出有效喷幅区的概率。

低速作业时，前喷头有效沉积率与后喷头大致相同。作业速度超过2m/s时，受更强对向来流作用，前旋翼流场向后移，并与后旋翼流场汇合，后旋翼流场移动幅度更小。在流场共同作用下，前喷头喷施雾滴逃逸出有效喷幅区的比例相较于后喷头更大，因此前喷头的雾滴有效沉积率低于后喷头。植保无人机从满载到空载的巡航过程中，前后喷头喷施雾滴有效沉积率都随飞行载荷减小而降低。作业速度为3m/s时，无人机满载与空载的雾滴有效沉积率相差约11%，差距随作业速度提高更为明显。

（1）巡航作业中，飞行载荷随药液释放而减小，植保无人机旋翼转数下降可达 32%，仰俯角增加可达 10°，旋翼风场随飞行载荷下降而减弱并逐渐向后飘移。

（2）竖直旋翼风场会抑制雾滴飘移或扩散，仰俯角增大会加重雾滴飘移。作业速度 0～3m/s 间，无人机满载比空载时的雾滴沉积率高 4%～11%，模拟与实测基本一致。植保无人机飞行载荷下降会降低雾滴有效沉积，使飘移增加。

第四章 环境因素对飞防的影响

第一节　农田环境对飞防的影响

植保无人机因其灵活便捷，可应用于各类植保场景。但是需要注意的是，我国地形地貌复杂，不同地区农田环境条件差异较大，这会在一定程度上影响无人机的实际作业效率，也关系到植保无人机的应用推广。实践中，我们应根据具体农田环境进行具体分析，以实现经济高效的防治效果。

一、田间因素

（1）地理因素　在选用植保无人机进行作业时，必须要充分保证在作业田块周界 10m 的范围内不要有可能影响无人机飞行安全的障碍物；在田块的周边或者是中间地域有适宜于植保无人机起飞和降落的起落点，要时刻保证无人机在操控人员能够观察到的视线范围内。

（2）种植地块　基于植保无人机的特点，大面积的、成片的田地，更适合植保无人机作业。太过分散的小面积田地，植保无人机的作业效率会受到影响。

（3）田间障碍因素　在我国很多农村地区，在种植地域的周边都有障碍物，像是树木和电杆等，这些障碍物很容易对植保无人机的作业安全造成影响，导致飞防作业的危险系数大大增加。尤其是高压电线，由于其磁场的存在会导致植保无人机的稳定性受到严重的影响。

二、不同环境作业技巧

（1）作业地块中有电杆、斜拉线、电线、电话线等障碍物　首先观察电杆、拉线是否有规律，斜拉线、电线、电话线是否都是顺行方向，如果是顺行方向，建议障碍物外 3m 内采用手动作业。其次在条件允许时清理障碍物区块将最大限度减少失误，便于无障碍物区块利用自主飞行。当地块中间有树木时，应于作业前标记好障碍点，并确定障碍点安全边距，保证无人机自主飞行安全。

（2）丘陵地、山地　丘陵地、山地无人机植保作业对飞行技术要求较高，丘陵地、山地作业应提前观察地形，选择有利控制点及观察点。山地作业建议由低向高，以天空为背景，可清晰分辨无人机与作物之间的高度距离。而由高向低飞行，极易导致炸机，原因是从高向低观察，植保无人机与作物融为一体，无法观察无人机与作物之间的高度差。

（3）蔬菜、瓜果及其他经济作物　由于蔬菜种类及特性各异，有的品种茎秆柔韧，有的品种茎秆较脆，飞行高度控制不好就会伤害茎秆较脆的作物，导致减产或绝产；还有的伏地类瓜果，会因为下压风场较大造成翻秧而影响产量。苗期作物更要注意控制飞行高度，比如扁豆、苗期瓜果、苗期辣椒、烟草等都要注意选择不同的飞行高度，并且绝对禁止在以上作物上空悬停。

第二节　温湿度对飞防的影响

在适宜的天气条件下进行无人机作业，作业的效果通常较好、安全性高。具体作业中，还应根据作业地区的温湿度、气压等进行作业计划的妥善安排与调整，以保证良好的作业效果。

温湿度对喷施飘移的影响主要与其对雾滴尺寸的改变有关。药液雾滴在沉降过程中，相对低湿和高温的环境会加快雾滴的蒸发；结果将导致雾滴粒径变小从而容易悬浮在空气中。在环境温度为 25℃、相对湿度为 20%的环境中，一个 1070μm 的雾滴完全蒸发需要 300s；而在环境温度为 25℃、相对湿度为 60%的环境中，相同大小的雾滴则需要 540s 才能完全蒸发；一个 910μm 的雾滴在相对湿度为 60%、环境温度为 10℃的环境中蒸发需要 780s，但在相对湿度为 60%、环境温度为 25℃的环境中蒸发只需要 420s。

通过试验验证空气温湿度对飞防的影响，由图 4-1 中可以看出，在喷雾区以及飘移区内，温度 28℃、空气湿度 32%与温度 14℃、空气湿度 41%两处理农药雾滴沉积情况无明显差异，农药雾滴飘移情况无明显差异。温度 25℃、空气湿度 64%与温度 12℃、空气湿度 68%两处理农药雾滴沉积情况无明显差异，农药雾滴飘移情况无明显差异。对空气环境进行分析发现，处理间空气湿度近似，温度相差较大时，农药雾滴沉积情况与飘移情况均有差异，但不明显。

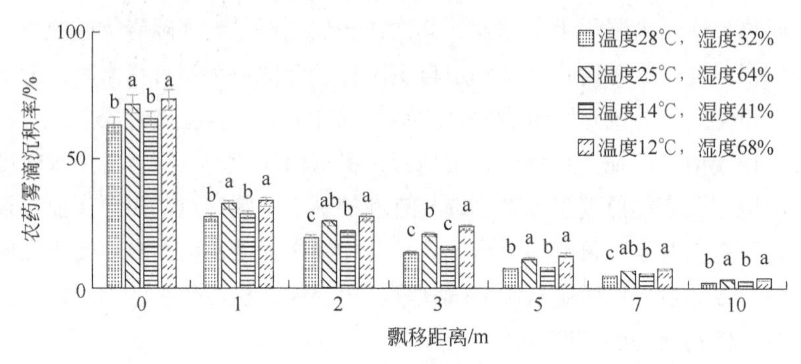

图 4-1 不同温湿度对农药雾滴沉积、飘移的影响

在喷雾区内以及飘移区内，温度 28℃、空气湿度 32%与温度 25℃、空气湿度 64%两处理农药雾滴沉积情况存在明显差异，农药雾滴飘移情况存在明显差异。温度 14℃、空气湿度 41%与温度 12℃、空气湿度 68%两处理农药雾滴沉积情况存在明显差异，农药雾滴飘移情况存在明显差异。对空气环境进行分析发现，处理间温度近似，空气湿度差异较大时，农药雾滴沉积情况与飘移情况存在显著差异。

通过室外环境对农药雾滴分布的影响结合热力学分析可知，温度对农药雾滴分布情况影响不显著，湿度对农药雾滴分布情况影响显著。环境温度高，空气湿度低时，由于高温干旱导致农药雾滴蒸发加快，造成农药浪费。由于进行田间飞防作业多处于春夏季，室外空气温度多以高温天气为主，进行田间飞防处理时，应尽量选择环境温度低，空气湿度大的室外环境，建议于 9：00 前或 4：00 后进行田间飞防处理。

第三节 气流对飞防的影响

一、大气稳定性

大气稳定度是指空中某大气团由于与周围空气存在密度、温度和流速等的强度差而产生的浮力使其产生加速度而上升或下降的程度。在稳定的大气条件下，空气混合特性低，雾滴不会沉降到下层较冷的空气中，也不会向上层分散，而是倾向于保持悬浮在稳定的气流中；药液雾滴团在稳定状态的大气中可以向任何方向缓慢移动到一个敏感区域，但一旦稳定状态被破坏，大量雾滴就有可能沉降从而产生药液飘移。大量研究表明，相对稳定状态的大气环境会增加药液雾滴的飘移潜力。随着大气稳定性的降低，下风向的雾滴飘移也随之减少。雾滴飘移距离越大，大气稳定性对雾滴沉积的影响越大。大气稳定性对远距离处小雾滴的沉积与飘移具有主导作用。白天和晚上的大气稳定性程度不同，大气稳定性对较小粒径的雾滴影响更大，且随着稳定性的增加，小雾滴在空气中的悬浮停留时间也会增加，从而影响雾滴的沉积与飘移。

二、环境气流

植保无人机在实际植保作业时，药液雾滴的沉积分布不但受旋翼下洗流场的作用，同时也会受到环境气流的干扰，使得雾滴的沉降趋势不可预测，一部分药滴发生飘移。环境气流对无人机下洗流场的作用按照运动方式可分为两种形式，即平行于无人机前进方向以及垂直于无人机前进方向。在平行于无人机行进方向上，外界气流对喷施的雾滴的作用方向是朝向机身后方，对无人机行进方向相垂直方向不产生作用，不会增加雾滴向机身两侧飘移。而垂直于无人机前进方向上，外界气流会增加雾滴向气流下风向运动，从而增加雾滴飘移，减少雾滴在无人机航线作物上沉积。

风速对农药雾滴的分布有显著影响（图 4-2）。通过试验研究发现，风速 1.1m/s，农药雾滴沉积率达到 85.8%；风速 1.6m/s，农药雾滴沉积率为 84.7%；风速 2.8m/s，农药雾滴沉积率为 82.4%；风速 3.5m/s，农药雾滴沉积率最差，仅为 76.8%。飘移区内，飘移距离 1m 处，风速 1.1m/s 与 1.6m/s 两种处理农药雾滴飘移率存在差异。飘移距离 2～10m 处，风速 1.1m/s 与 1.6m/s 两种处理农药雾滴飘移率无显著差异，风速 3.5m/s，农药雾滴飘移率最高，在飘移距离 10m 处，农药雾滴飘移率达到 2.8%。

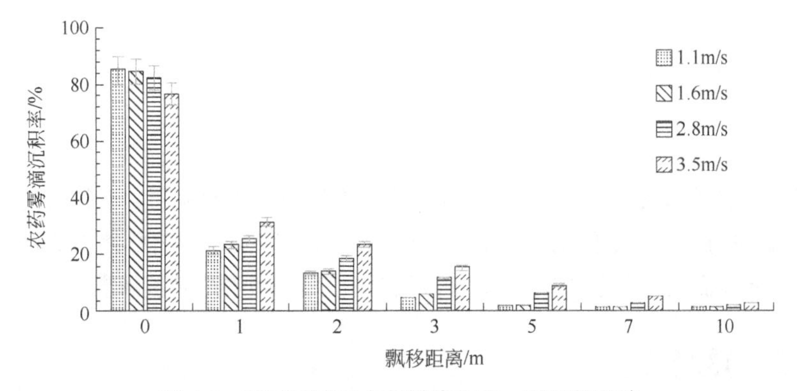

图 4-2 不同风速对农药雾滴沉积、飘移的影响

随着风速的升高，农药雾滴的沉积率显著下降，农药雾滴的飘移率显著提高。气流带动农药雾滴飘散到非靶标区域，风速越高，农药雾滴飘移距离越远，飘移量越大，对非靶标区域的作物、水源以及人畜造成危害。因此，尽量选择在低风速（<3m/s）的条件下进行田间飞防处理。

1. 同一高度下不同方向侧风对有效喷幅的影响

同一高度下，随着侧风角度由正向风逐渐变为 90° 风时，无人机有效喷幅整体呈现逐渐变小趋势，无人机在迎风飞行时的有效喷幅优于其他角度侧风。当无人机作业高度到达 3.5m 时，由于无人机作业高度与风速的共同作用有效喷幅变化紊乱。当外界风速在 3.0m/s 以下时，无人机作业高度为 2.5m 且外界风向为正向时得到最佳无人机的有效喷幅。

2. 同一方向侧风不同作业高度对有效喷幅的影响

当无人机正前方加以侧风时，随着作业高度的增加，无人机有效喷幅整体呈现先增大后减小的趋势，适当的作业高度可以使无人机具有更优的作业效果，当无人机作业高度为 2.5m 时有效喷幅达到最宽。当沿无人机前进方向 30° 加以侧风时，随着无人机作业高度的增加有效喷幅整体呈现逐渐减小的趋势，当无人机作业高度为 2.0m 时有效喷幅达到最宽。当沿无人机前进方向 60° 加以侧风时，随着无人机作业高度的增加，有效喷幅整体呈现先减小后增大的趋势，当无人机作业高度为 3.5m 时，有效喷幅达到最宽。当沿垂直无人机前进方向加以侧风时，随着无人机作业高度的增加，有效喷幅整体呈现平稳的趋势，当无人机作业高度为 2.5m 时，有效喷幅达到最宽。

第四节　农作物对飞防的影响

一、高秆作物

高秆农作物（如玉米）在生长后期可高达 2m 左右，且叶片面积大，植保无人机需要具有较强的雾滴穿透性，保证农药雾滴能够到达农作物底层，以起到较好的防治效果。同时，由于植保无人机作业高度较高，进行玉米等高秆作物飞防时，离地高度约 5m，需注意周边农作物种植情况及养殖情况，避免农药雾滴飘移产生药害。

二、矮秆作物

对于水稻等矮秆作物，进行飞防作业时应注意无人机旋翼风场对农作物的影响。无人机不可在农作物上方悬停超过 5s，避免无人机旋翼下压风场造成农作物倒伏。同时，在一些农作物特殊时期，如水稻扬花期，应避开白天水稻开花阶段，尽量选择早晚时段进行，避免植保无人机旋翼风场对水稻扬花造成影响，导致产量降低。

三、果树

果树种植过程中，需进行多次病虫害防治。由于植保无人机为低空作业，且果树叶片较为浓密，果树下半部叶片常无法很好地形成农药雾滴沉积，导致果树下半部防治效果不佳。因此，在进行果树飞防时，应加大喷液量，选择旋翼风场较强的机型，提高农药雾滴穿透性。或采用弥雾植保无人机，通过弥雾喷洒，可提高果树虫害防效，但对果树病害防效提高程度有限。此外，在山坡地带进行果树飞防作业时，应选择带有自动避障功能及雷达感应较为灵敏的机型，以免发生坠机等意外。

第五章 作物常见病虫草害与防治

第一节 病虫草害常识简介

一、病害

为提高飞防作业防治效果，保障飞防作业质量，飞手应掌握农作物病害基本知识。植物在适于其生活的生态环境下，一般都能正常生长发育和繁衍。但是，当植物遇到病原生物侵染或不良环境条件时，其正常的生理机能就会受到影响，从而导致一系列生理、组织和形态病变，引起植株局部或整体生长发育出现异常，甚至死亡。

（一）植物病害的分类

植物病害按病因可分为两大类，即生物因素和非生物因素。据此可把植物病害分为侵染性病害和非侵染性病害。

由非生物因素（如不适宜的环境条件等）引起的病害称为非侵染性病害或生理性病害。按其病因不同，又可分为以下三类：第一类是由于植物自身遗传因子或先天性缺陷引起的遗传性病害或生理病害；第二类是由于物理因素恶化所致的病害，如低温或高温造成的冻害或灼伤，土壤水分不足或过量引起的旱害或渍害，光照过弱或过强引起的黄化或叶烧，大气物理现象造成的风、雨、雷电、雹害等；

第三类是由于化学因素恶化所致的病害，如肥料或农药使用不当引起的肥害或药害，氮、磷、钾等营养元素缺乏引起的缺素症，大气与土壤中有毒物质污染与毒害，农事操作或耕作栽培措施不当所致的病害等。

由病原生物侵染引起的植物病害称为侵染性病害或传染性病害。引起植物侵染性病害的病原物有真菌、细菌、病毒、线虫和寄生性植物等，因此，按其病原生物的类型又可分为真菌病害、细菌病害、病毒病害、线虫病害和寄生植物病害等。

（1）两者区别　非侵染性病害由于没有病原生物参与，因而不能在植株个体间互相传染。侵染性病害在植株间能够相互传染。

（2）两者关系　非侵染性病害会加重侵染性病害的发生，侵染性病害可导致非侵染性病害的发生。

（二）植物病害的症状

植物病害经过一系列病变过程，最终导致植物上显示出肉眼可见的某种异常状态，称为症状。外部症状通常可区分为病状和病征两类。病状是指在植物病部可看到的异常状态，如变色、坏死、腐烂、萎蔫和畸形等；病征是指病原物在植物病部表面形成的繁殖体或营养体，如霉状物、粉状物、锈状物和菌脓等。许多真菌和细菌病害既有病状，又有明显的病征；有些病害如病毒病，则只能看到病状，而无病征。各种病害大多表现有独特的症状。

1. 农作物常见病状类型

植物病害病状有很多种表现，变化有很多，常见的有变色、坏死、腐烂、萎蔫和畸形等多种类型。

（1）变色　植物患病后局部或全株失去正常的绿色或发生颜色变化的现象。变色大多出现在病害症状的初期，通常又有几种表现类型。植物绿色部分均匀变色，即叶绿素的合成受抑制，称为“褪绿”或“黄化”。植物叶片发生不均匀褪色，黄绿相间，形成不规则的杂色，称为“花叶”。叶绿素合成受抑制，花青素生成过盛，叶色变红或紫红，称为“红叶”。

（2）坏死　植物的细胞和组织受到破坏而死亡，形成各种各样的病斑，病斑可以发生在植物的根、茎、叶、果等各个部位，其形状、大小和颜色不同。根据病斑的颜色可分为褐斑、黑斑、灰斑、白斑等。根据病斑的形状可分为圆形、椭圆形、不规则形等。此外，有的病斑受叶脉限制形成角斑；有的病斑上具有轮纹，称为轮斑或环斑；有的病斑呈长条状坏死，称为条纹或条斑；有的病斑可以脱落，形成穿孔；有的病斑还会不断扩大或多个联合，形成叶枯、枝枯、茎枯、穗枯等；有的病变组织木栓化，病部表面隆起、粗糙，形成疮痂；有的茎干皮层坏死，病部开裂凹陷，边缘木栓化，形成溃疡。

（3）腐烂　植物细胞和组织发生较大面积的消解和破坏的现象。腐烂可以分为干腐、湿腐和软腐。若细胞消解较慢，腐烂组织中的水分能及时蒸发而消失，病部表皮干缩或干瘪，就会形成干腐，如马铃薯干腐病；若细胞消解较快，腐烂组织不能及时失水，则形成湿腐，如甘薯软腐病；若先是胞壁中胶层受到破坏，腐烂组织的细胞离析，以后再发生细胞的消解，即形成软腐，如大白菜软腐病，根据腐烂发生的部位，又可分为根腐、基腐、茎腐、花腐和果腐等。其中因幼苗的根腐或茎腐，引起地上部分迅速倒伏或死亡者，又称为立枯或猝倒，如棉苗立枯病、蔬菜苗期猝倒病等。

（4）萎蔫　可分为生理性萎蔫和病理性萎蔫两种类型。生理性萎蔫是由于土壤中含水量过少或高温时过强的蒸腾作用而使植物暂时缺水而引起的，此时若及时供水，植物仍可恢复正常。典型的病理性萎蔫是指植物根或茎的维管束组织受到破坏而引起的凋萎现象，如棉花黄萎病、瓜类枯萎病、茄科植物青枯病等，这种凋萎大多不能恢复，甚至导致植株死亡。有些根腐、基腐或其他根茎病害所引起的萎蔫均属于病理性萎蔫。

（5）畸形　由于病变组织或细胞生长受阻或过度增生而造成的形态异常的现象。如植物发生抑制性病变，生长发育不良而出现植株矮缩、片叶皱缩、卷叶或蕨叶等；有的病组织或细胞发生增生性病变，生长发育过度，造成病部膨大；有的株枝或根过度分枝，产生丛枝或发根等；有的病株比健株明显高而细弱，形成徒长；有的花器变成叶片状结构，不能正常开放和结实等。

2. 农作物常见病征类型

病征是指寄主在发病部位出现的病原物的子实体。由于病原物不同，植物病害病征常表现出不同的形状、颜色和特征。其中常见的有霉状物、粉状物、锈状物、粒状物和脓状物等。

霉状物是在发病部位形成的各种毛绒状的霉层，其颜色、质地和结构变化较大，常见的有霜霉、绵霉、青霉、绿霉、黑霉、灰霉和赤霉等。如真菌中的霜霉菌引起的霜霉病，病部可见大量霜霉状物。

粉状物是在寄主病部形成的白色或黑色粉层，如多种植物的白粉病和黑粉病等。

锈状物是在病部表面形成的小疱状突起，破裂后散出白色或铁锈色的粉状物，常见的如萝卜白锈病和小麦锈病等。

粒状物是在寄主病部产生的大小、形状及着生情况差异很大的颗粒状物。有的是针尖大小的黑色或褐色小粒点，不易与寄主组织分离，如真菌的子囊果或分生孢子果；有的是较大的颗粒，如真菌的菌核、线虫的胞囊等。

脓状物是在潮湿条件下在寄主病部所产生的黄褐色、胶黏状、似露珠的菌脓，干燥后常形成黄褐色的薄膜或胶粒，是许多细菌病害特有的病征。

引起植物病害发生的原因很多，既有不适宜的环境因素，又有生物因素，还有环境与生物相互配合的因素等。因此，飞手应掌握农作物病害基本知识，学会辨识侵染性病害和非侵染性病害，根据病状类型和病征类型区分真菌病害、细菌病害或病毒病等。

二、虫害

为提高飞防作业防治效果，保障飞防作业质量，飞手应掌握农作物虫害基本知识。为害农作物及其产品的害虫通称为农业害虫，可导致农作物产量下降、品质降低，甚至造成严重的灾害。害虫不仅能直接为害农作物及其产品，还能传播植物病害。如蚜虫、飞虱等具有刺吸式口器的害虫是多种植物病毒病的传播媒介。害虫的发生与其周围的环境有着密切的关系，影响昆虫发生的主要环境因素有气候、生物和土壤等。

（一）气候对昆虫的影响

气候因子主要包括温度、湿度、降水、光、气流和气压等，其中温度和湿度对昆虫影响最大。

1. 温度对昆虫的影响

昆虫是变温动物，其体温随环境温度而变化。最适温区一般为 20～30℃，在此温区内，昆虫的能量消耗最小，死亡率最低，繁殖力最大，寿命适中；高适温区一般为 30～40℃，在此温区内，昆虫的生长发育和繁殖随温度的升高而受到抑制。低适温区一般为 8～20℃，在此温区内，昆虫的生长发育和繁殖随温度的降低而受到抑制。一般情况下，昆虫的寿命随着温度的升高而缩短。

2. 湿度对昆虫的影响

湿度主要通过影响虫体水分的蒸发而影响昆虫的体温和代谢速率，进而影响昆虫的成活率、生殖力和发育速度。干旱会影响昆虫的性腺发育、雌雄交配和雌虫的产卵量。大雨对某些昆虫具有直接杀伤作用。

（二）生物对昆虫的影响

1. 植物对昆虫的影响

每种植食性昆虫对植物都有选择性，而每种植物都有抗虫性。植物直接影响昆虫的生长发育、繁殖和寿命，还影响种群数量。

2. 天敌对昆虫的影响

天敌是抑制害虫种群数量的重要生态因素。其中天敌昆虫一般分为捕食性和寄生性天敌两类。捕食性天敌昆虫的身体一般比猎物大，如瓢虫类和草蛉类等。寄生性天敌多以幼虫寄生于寄主体内或体外，如寄生蜂类和寄蝇等。

（三）土壤对昆虫的影响

1. 土壤温度对昆虫的影响

金针虫、蛴螬等地下害虫，一般在秋季温度下降时向下迁移，气温越低潜伏越深；春季土温上升时，逐渐向上迁移到适温的表土层；夏季温度高时，又下潜至较深的适温土层中。

2. 土壤湿度对昆虫的影响

土壤湿度包括土壤水分和土壤空隙内的空气湿度。土壤的干湿程度影响地下害虫的分布，如细胸金针虫主要分布在含水量较多的低洼地，而沟金针虫则主要分布在旱地。

3. 土壤理化特性对昆虫的影响

根据土壤酸碱度不同，可分为酸性土壤、中性土壤和碱性土壤。土壤酸碱度影响昆虫的分布，如细胸金针虫喜欢生活在碱性土壤中，沟金针虫则喜欢生活在酸性低钙的土壤中。

三、杂草

杂草是长期适应当地的作物、栽培、耕作、气候、土壤等生态条件和生产条件生存下来的植物，它可从不同的方面侵害农作物，如与作物竞争养分、水分和光照，传播植物的病虫害，降低作物的产量和品质，增加农业的生产成本。特别是有些植物的花粉和果实的毒性，还可影响人畜的健康。由于杂草具有休眠性、再生性、繁殖力强、繁殖和传播方式多样、种子寿命长、出苗时间不一致等特性，增加了防除的难度。

全世界广泛分布的杂草有3000余种，对主要作物有危害的杂草有200余种，但分布广泛、危害严重的杂草只有20～30种。这些杂草由于气候与土壤条件、作物及栽培方法的不同，其分布存在着明显的差异，因而表现出杂草种类发生和分布不同。中国的旱田杂草有200余种，分属于150多个属50余科；稻田杂草有100多种，分属于70多个属40余科。所有的主要作物都不同程度地受到杂草的危害，造成粮食产量损失10%～19%。人类利用生物、生态、物理、机械和化学的方法防除杂草，特别是利用除草剂防除杂草在防治措施中起重要作用。

杂草的鉴定与识别是杂草防治的基础，而要鉴定和识别杂草，就必须了解和掌握杂草的形态特征，以便于进行分类。在化学除草中，首先要区分是单子叶还是双子叶杂草，在单子叶中根据形态和特征要区分禾本科与莎草科杂草；在双子叶中要区分主要科别，如蓼科、藜科、十字花科、菊科等杂草。

形态特征是鉴定杂草的依据，花、叶片、子叶、根、茎是鉴定双子叶杂草的根据；芽、叶片、叶舌、舌基、叶耳、叶鞘以及根则是鉴定禾本科杂草的标志。各类杂草的特征如下。

1. 单子叶杂草

胚有 1 个子叶（种子叶），通常叶片窄而长，平行叶脉，叶无柄。

（1）禾本科　叶鞘开张，有叶舌。茎圆或略扁。节间中空，有节。如马唐、稗草、狗尾草、千金子等。

（2）莎草科　叶鞘包卷，无叶舌。茎三棱形或扁三棱形，通常实心，无节。如香附子、碎米莎草、慈姑、泽泻、雨久花等。

2. 双子叶杂草

阔叶杂草类。胚具 2 片子叶，草本或木本，叶脉网状，叶片宽，有叶柄。

（1）苋科　营养体含红色素。叶对生或互生，无托叶。花小，不显著，簇生或穗状花序，小坚果。如反枝苋、凹头苋、野苋、刺苋、空心莲子草等。

（2）蓼科　茎节膨胀。单叶互生，叶柄基部的托叶常常膨大成膜质托叶鞘。花小，花簇由鞘发出，瘦果。如萹蓄、酸模叶蓼、水蓼、卷茎蓼等。

（3）藜科　叶互生，无托叶。花不显著，密集，小坚果。如藜、小藜等。

（4）菊科　头状花序，花两类，内部为管状花，外部为舌状花。如小飞蓬、黄花蒿、艾蒿、刺儿菜、苍耳、胜红蓟等。

（5）十字花科　常有根生叶。花两性，总状花序，萼片 4 枚，花瓣 4 枚，雄蕊 6 枚（4 长 2 短，成为四强雄蕊）；雌蕊由 2 心皮组成，被假隔膜分为 2 室；侧膜胎座。果实为角果。如播娘蒿、遏蓝菜、荠菜等。

（6）旋花科　缠绕草本，有的有乳液。腋生聚伞花序，花大型，花冠漏斗状，子房上位，蒴果，如打碗花、菟丝子、南方菟丝子等。

（7）唇形科　茎四棱。单叶对生。轮状聚伞花序，不整齐两性花，小坚果。如宝盖草等。

生产上应用除草剂时，一般根据除草剂品种的作用特性，按照杂草的形态特征，将杂草划分为以下类别。

① 小粒一年生阔叶杂草　双子叶，种子繁殖，种子直径小于 2mm，一般在 0～2cm 土层发芽，用土壤处理除草剂可有效防治，如藜、苋、荠、野西瓜苗等。

② 大粒一年生阔叶杂草　双子叶，种子繁殖，种子直径超过 2mm，发芽深

度达 5cm，如果种子在药层下发芽，则难以通过除草剂土表处理防治，如苍耳、鸭跖草、苘麻等。

③ 多年生阔叶杂草　双子叶，种子与营养器官繁殖，如田旋花、苣荬菜、蓟等，耕翻后能够再生，由于借助根茎与根芽进行繁殖，所以难以通过大多数土壤处理除草剂防治，通常采用传导性茎叶处理剂能杀死地下繁殖器官。

④ 小粒一年生禾本科杂草　种子直径小于 2mm，发芽深度 1～2cm，除草剂土表处理能有效防治，如稗草、马唐、金狗尾草等。

⑤ 大粒一年生禾本科杂草　种子直径超过 2mm，发芽深度达 5cm 以上，用土壤处理除草剂难以防治，如野黍、双穗雀稗等。

⑥ 多年生禾本科杂草　种子及营养器官繁殖，由于以地下营养器官繁殖为主，故用土壤处理除草剂难以防治，耕翻后能再生，宜用传导性苗后茎叶处理除草剂进行防治。如狗牙根、假高粱、香附子等。

第二节　大豆病虫草害防治

大豆起源于我国黄河流域，目前已在 52 个国家和地区种植。中国是世界最大的非转基因大豆生产基地，大豆种植面积约 1.4 亿亩，总产量为 1200 万～1600 万吨。其中黑龙江种植面积最大，占全国总种植面积的 36%。

一、大豆田常见杂草防治

（一）大豆田常见杂草类型及特点

【发生种类】大豆田杂草种类很多，经常造成危害导致作物减产的有 20 多种，其中一年生禾本科杂草有稗草、野燕麦、马唐、狗尾草、金狗尾草、野黍等；一年生阔叶杂草有鸭跖草、柳叶刺蓼、酸模叶蓼、卷茎蓼、反枝苋、藜、小藜、香薷、水棘针、狼杷草、龙葵、苘麻、铁苋菜、苍耳、野西瓜苗等；多年生阔叶杂草有刺儿菜、大刺儿菜、问荆、苣荬菜、蒿属等；多年生禾本科杂草有芦苇等。

【发生特点】大豆是中耕作物，行距比较宽，从苗期到封垄期，杂草不断发生，前期以一年生早春杂草占优势，六月上旬以一年生晚春杂草苍耳、鸭跖草、稗草为优势种，同时大豆苗间杂草一直到封垄后都能造成危害，特别是稗草、鸭跖草、酸模叶蓼、卷茎蓼、反枝苋、藜、狼杷草、龙葵、苘麻、铁苋菜、苍耳、刺儿菜、问荆、苣荬菜、芦苇等生长旺盛的杂草，株高超过大豆后危害更严重。

【种群变化】杂草种群以越冬型、早春型和春夏混生草为主，杂草种群在不断演变。由于近年轮作制度的改变，栽培措施和防除措施的影响，使大豆杂草种群变化明显，大豆重茬种植比例大，在迎茬和重茬的大豆田内，其杂草主要是禾本科和阔叶杂草构成的群落，重茬大豆田内，其阔叶杂草较禾本科发生严重。随着连作年限的增长，恶性杂草鸭跖草、苣荬菜和刺儿菜等危害严重，形成以阔叶杂草为优势的杂草种群。同时大豆田杂草种群也与耕作措施有关，深松整地的深浅、整体质量的好坏、时间的早晚等也影响其种群的变化。此外，若上一年管理不善，则当年杂草发生量将激增；大豆播后，降雨量大，杂草发生整齐，此时杂草对大豆危害严重。

（二）大豆田杂草防治

大豆田杂草防治方法见表 5-1。

表 5-1　大豆田杂草防治方法

防除对象	使用时期	防除药剂	注意事项
土壤喷雾处理			
一年生杂草：稗草、马唐、野燕麦、藜、苋、蓼、鸭跖草等	大豆播种后出苗前	60%乙·异辛酯·嗪草酮乳油，200～250mL/亩	低温高湿、排水不好、低洼田块下易出现药害
		70%丙·噁·滴丁酯乳油，200～240mL/亩	注意后茬种植玉米、小麦等禾本科作物时，异噁草松的残留问题
		73%乙·丙炔氟草胺乳油，140～170mL/亩	用药出苗后遇暴雨，迸溅底部叶片易出现灼伤药斑，用药后需浅混土
茎叶喷雾处理			
一年生禾本科杂草：稗草、马唐、野燕麦、野黍、野生麦苗等	禾本科杂草在 3～5 叶期，全田茎叶喷雾，3 叶期使用效果最佳	10%精喹禾灵乳油，32～43mL/亩	东北地区用药温度低于 18℃以下时药效下降
		240g/L 烯草酮乳油，30～35mL/亩	与防除阔叶除草剂桶混除草活性略有下降
一年生阔叶杂草：藜、苋、蓼、鸭跖草、苍耳、苘麻、刺菜儿等	阔叶杂草在 2～4 叶期，全田茎叶喷雾	250g/L 氟磺胺草醚水剂，70～100mL/亩	大豆田套种敏感作物不可使用该药剂；避免高温用药，同时该药剂土壤残效期较长，对后茬白菜、亚麻、甜菜、粟子、高粱等生长有影响
		480g/L 灭草松水剂，104～208mL/亩	防止施药时飘移到蔬菜、棉花等敏感阔叶作物田
一年生杂草：稗草、马唐、苋、藜、苍耳、鸭跖草、刺儿菜等	大豆 1～3 个复叶，禾本科杂草 3～5 叶期，阔叶杂草 2～4 叶期	35%氟磺·精喹·异噁草松乳油，100～120mL/亩	氟磺胺草醚与异噁草松土壤残效期较长，合理安排后茬作物
		37%氟磺·异噁·烯草酮可分散油悬浮剂，115～135mL/亩	

（三）大豆田抗性杂草的防除

随着杂草群落的变化和耐药性的出现，近年来大豆田出现了多种常规除草剂难以根除的恶性和抗性杂草，成为生产上有待解决的难题。主要的抗性杂草有鸭跖草、苣荬菜、刺儿菜、田旋花、问荆、野黍、狗尾草等，根据现有药剂水平，我们应当在施药时期，从配方、助剂等几个方面进行改进，达到控制杂草的目的。

（1）鸭跖草　封闭除草采用相对效果好的除草剂，如唑嘧磺草胺、噁草酮、丙炔氟草胺和嗪草酮等；苗后除草采用氯酯磺草胺；尽可能在鸭跖草2叶期前施药；常规药剂混配，应添加植物油类助剂。

（2）苣荬菜　早春播种前以草甘膦处理；封闭除草，采用异噁草酮、2,4-滴丁酯、嗪草酮、咪唑乙烟酸等相对效果好的药剂；苗后应用氯嘧磺隆、咪草烟等药剂；苗后常规除草剂的混配，应添加植物油类助剂；加强耕作，切断地下根；大豆成熟后喷施草甘膦，降低第二年杂草发生的基数；换茬种植小麦及玉米后使用2,4-滴丁酯。

（3）刺儿菜　早春播种前以草甘膦处理；封闭处理采用异噁草酮、2,4-滴丁酯、嗪草酮、咪唑乙烟酸等相对效果好的药剂；苗后应用氯嘧磺隆等药剂；苗后常规除草剂的混配，应添加植物油类助剂；加强耕作，切断地下根；大豆成熟后喷施草甘膦，降低第二年杂草发生的基数。

（4）田旋花　早春播种前以草甘膦处理；封闭处理采用异噁草酮、2,4-滴丁酯、嗪草酮、咪唑乙烟酸等相对效果好的药剂；苗后应用氯嘧磺隆、咪草烟等药剂；苗后常规除草剂的混配，应添加植物油类助剂。

（5）问荆　换茬种植小麦及玉米后，施用2,4-滴丁酯；添加植物油类助剂。

（6）野黍　苗后补救采用精吡氟禾草灵、烯草酮；添加植物油类助剂。

（7）狗尾草　苗后补救采用精吡氟禾草灵、烯草酮；添加植物油类助剂。

二、大豆田常见病害防治

大豆田病害的发生易受种植方式、土壤条件、气候条件等因素影响。连作年限越长，发病越重，风沙盐碱地土壤瘠薄地发病重；土壤质地疏松、通透性好，发病轻。大豆种子发芽至幼苗生长适温为20～25℃，温度低于9℃出苗就受到严重影响，因此若播种期土壤温度低，则发病重。土壤含水量大，特别是低洼潮湿地，大豆幼苗长势弱、抗病力差，易受病菌侵染，发病重。一般垄作栽培的大豆比平作栽培的发病轻，大垄栽培的大豆比小垄栽培的大豆发病轻。其原因是垄作栽培可以进行中耕培土，使土壤疏松、通透性好、含水量低，而平作由于土壤板结并易发生涝害，使土壤含水量高，有利于病菌繁殖及侵染根部，故发病重。大豆播种深度直接影响幼苗出土速度，播种过深，加之地温低，幼苗生长慢，组织柔嫩，根易被病菌侵染，使病情加重。施肥水平和肥料种类对大豆病害的发生也有很大影响。一般氮肥用量大，使幼苗组织柔嫩，发病重，增施磷肥可减轻病害。大豆田化学除草剂应用得好，可以对大豆田灭草起到良好作用，但某些化学除草剂若使用不当，可造成大豆幼苗药害，使幼苗生长受阻，将加重病害的发生。

大豆田病害防治方法见表 5-2。

表 5-2 大豆田病害防治方法

常见病害	危害部位	致病菌	防治方法
大豆锈病	叶片、叶柄、茎秆，发生严重时全株染病	豆薯层锈菌（*Phakopsora pachyrhizi* Syd.）	250g/L 嘧菌酯悬浮剂，40～60mL/亩； 300g/L 苯甲・丙环唑乳油 20～30mL/亩； 其他药剂：肟菌酯、戊唑醇、氟环唑、百菌清等也可防治大豆锈病
大豆叶斑病	叶片	大豆球腔菌（*Mycosphaerella sojae* Hori）	250g/L 吡唑醚菌酯乳油，0～40mL/亩； 18.7%丙环・嘧菌酯悬浮剂，30～60mL/亩； 17%吡唑・氟环唑悬浮剂，0～60mL/亩； 其他药剂：福美双、噁霉灵、丙森锌等也可防治大豆叶斑病
大豆霜霉病	主要发生在叶片，同时也能危害茎、豆荚及种子	东北霉菌 [*Peronospora manschurica* (Naum.) Syd.]	烯酰吗啉、福美双、精甲霜灵、代森锰锌等可预防治疗大豆霜霉病

三、大豆田常见虫害防治

我国大豆田害虫种类多达 100 种左右，危害较大的有 30 余种，其中较严重而普遍的有 10 余种，大豆蚜虫、大豆食心虫、豆荚螟、豆天蛾、造桥虫、豆秆黑潜蝇等是主要害虫。目前，也培育出了一些抗虫品种，如抗大豆食心虫的铁荚四粒黄、黑铁荚等；抗食叶性害虫的安顺白角豆、丰平黑豆、通山薄皮黄豆（甲）、吴江青豆等；抗豆秆黑潜蝇的临安白毛九、无锡长箕光甲、兰溪白毛豆等。

大豆田虫害防治方法见表 5-3。

表 5-3 大豆田虫害防治方法

常见虫害	发生规律	危害特征	防治方法
大豆蚜虫	7 月中下旬危害严重，天气持续干旱危害严重	成虫及幼虫集中于顶叶、嫩叶、嫩茎刺吸汁液，受害处叶片形成枯黄斑，严重时叶片卷缩、脱落，使大豆分枝、结荚较少。大豆植株卷叶占 5%～10%，或蚜株率超过 50%，或百株蚜量达 1000～2000 头以上，应及时介入防控	已获登记药剂： 22%噻虫・高氯氟微囊悬浮-悬浮剂，4～6mL/亩； 522.5g/L 氯氰・毒死蜱乳油，20～25mL/亩； 4%高氯・吡虫乳油，30～40g/亩

续表

常见虫害	发生规律	危害特征	防治方法
大豆食心虫	高温高湿利于食心虫化蛹，大豆花荚期发生严重	幼虫蛀入豆荚，咬食豆粒，造成豆粒残缺，重者吃掉豆粒大半，被害粒变形，荚内充满虫代谢物，大豆品质下降。成虫爆发期，连续 3 天累计双行百米蛾量达 100 头以上，应及时进行防控	已获登记药剂： 14%氯虫·高氯氟乳油，15～20mL/亩； 25g/L 高效氟氯氰菊酯乳油，15～20mL/亩； 50%l 氯氰·毒死蜱乳油，60～80g/亩

第三节 水稻病虫草害防治

水稻是我国重要的粮食作物，常年播种面积和总产量均占粮食作物的首位，播种面积达到 2800 万～3200 万公顷，总产量达到 1.8 亿～2 亿吨。水稻生产在国民经济中占有十分重要的地位。

水稻栽培方式多种多样，主要分为直播（旱直播与水直播）与插秧，在插秧栽培中又分为手插秧和抛秧等。亚洲国家以插秧栽培为主，而美国则基本上全是直播栽培，我国水稻栽培方式长期以来主要是插秧栽培，直播所占比例很小。

近年来，由于劳动力短缺及费用增高，欧洲及亚洲各国直播栽培面积迅速扩大，如菲律宾目前直播面积约占水稻种植面积的 40%。20 世纪 70 年代，插秧是马来西亚的水稻主要栽培方式，而目前直播栽培面积则达 50%。印度目前直播面积已达 1000 万公顷，且仍在进一步增加。其他如泰国、越南、日本与韩国的水稻直播面积也呈上升趋势。

最近 20 余年，我国水稻栽培方式变化较大，直播面积显著增加，特别是长江中下游地区，尤为明显，传统手插秧被机械插秧及直播取代，如江苏省 2001 年直播面积仅占 5.93 万公顷，2002 年增至 7.33 万公顷，为全省水稻栽培面积的 4%，2008 年增至 69.27 公顷，占 30.8%，是 2002 年的 9.5 倍，而且仍在进一步发展。

一、水稻田常见杂草防治

（一）水稻田常见杂草类型及特点

【发生种类】 水稻为我国种植的第一大作物，其常见杂草种类约 100 种，其中分布广、危害重的主要是稗草、水莎草、异型莎草、空心莲子草、鸭舌草、矮慈姑、节节菜、牛毛毡、眼子菜等。节节菜、尖瓣花等在亚热带和热带的稻区危害比较严重，芦苇、眼子菜、荆三棱、雨久花、牛毛毡、扁秆藨草、泽泻、水绵等主要在北方的温带稻区形成危害。杂草危害以单季稻田最重，晚稻田次之，早稻田最轻。早稻田杂草群落简单，以稗草占绝对优势，而晚稻田群落较为复杂，由稗草和阔叶草及莎草共同构成群落。直播田和抛秧田杂草危害重于常规移栽田，旱育秧田杂草种类多于常规水育秧田。长期使用除草剂，可使一年生杂草发生减轻，而多年生杂草危害上升，但稗草仍为主要恶性杂草。

【发生特点】 稻田杂草的发生一般是在播栽、抛后10天，插秧5～7天出现第一次高峰。杂草主要以禾本科的稗草等一年生杂草为主。发生数量大，危害重。20天左右出现第二次高峰，杂草主要是莎草科的杂草和阔叶类杂草。

【种群变化】 近年随着水稻种植方式的丰富，水稻田杂草优势种发生了明显变化。群落中的优势种群由单一向多元化发展。禾本科杂草（稗草）为绝对优势种群，鸭舌草、水莎草明显上升，水稻中后期杂草发生及危害加重。以莎草科、禾本科、雨久花科为主。杂草群落组成主要有三类，一是稻稗+鸭舌草+雨久花+眼子菜；二是稻稗+鸭舌草+野慈姑+眼子菜+雨久花；三是稻稗+牛毛毡+野慈姑。

（二）水稻田杂草防治

水稻田杂草防治方法见表5-4。

表5-4 水稻田杂草防治方法

水稻直播田杂草化学防除			
防除杂草	使用时期	防除药剂	注意事项
稗草、稻稗、千金子、异型莎草等及一年生阔叶杂草等	催芽种子播种后2～4天，用药前后保持土壤湿润，可采取全田喷雾或者毒土法均匀撒施	300g/L丙草胺乳油，100～117mL/亩	应选用含有解毒剂安全型丙草胺，提高安全性
稗草、稻稗、千金子、异型莎草	水稻1叶1心时全田喷雾	1%噁嗪草酮悬浮剂，267～333mL/亩	用药前后保持土壤湿润，水层不可淹没稻心
稗草、稻稗、千金子等	水稻2叶1心后，杂草2～3叶期	10%噁唑·氰氟乳油，120～150mL/亩	避免28℃以上用药，用药前排干水，用药后24～48h回水，水层不淹没稻心
稗草、稻稗、千金子、异型莎草、慈姑、鸭舌草等	水稻2叶1心后，杂草2～3叶期	20%噁唑·灭草松微乳剂，210～240mL/亩	避免28℃以上用药，用药前排干水，用药后24～48h回水，水层不淹没稻心
水稻移栽田插秧前杂草化学防除			
稗草、稻稗、千金子、异型莎草等及一年生阔叶杂草	水稻插秧前3～5天，保持水层3～7cm，全田喷雾或撒施	80%丙炔噁草酮可湿性粉剂，6～8g/亩	避免大风天气使用，耙地平整利于药效发挥，糯稻、黑稻、黏稻品种使用需咨询当地农业部门

续表

防除杂草	使用时期	防除药剂	注意事项
		250g/L 噁草酮乳油，100～125mL/亩	避免大风天气使用，必须浑水用药，耙地平整利于药效发挥，糯稻、黑稻、黏稻品种使用需咨询当地农业部门
		42%莎·噁·西草净乳油，80～100mL/亩	避免大风天气使用，耙地平整利于药效发挥，糯稻、黑稻、黏稻品种使用需咨询当地农业部门
水稻移栽后二遍封闭杂草化学防除			
稗草、稻稗、千金子、异型莎草等及一年生阔叶杂草	水稻移栽 7～10 天即水稻返青后，采用毒土、毒肥法均匀撒施，保持 3～5cm 水层，保水 5～7 天，勿淹没稻心	25g/L 五氟磺草胺可分散油悬浮剂，60～100mL/亩	遇低温返青较慢，应延后用药，待充分返青后用药
		42%五氟·丙草胺可分散油悬浮剂，80～100mL/亩	遇低温返青较慢，应延后用药，待充分返青后用药
稗草、莎草等及阔叶杂草	水稻移栽 5～7 天，采用毒土、毒肥法均匀撒施或喷雾，保持 3～5cm 水层，保水 5～7 天，勿淹没稻心	10%吡嘧磺隆可湿性粉剂，10～20g/亩	防除萤蔺、三棱草等应在长出水面之前及时用药
水稻田移栽后茎叶补救杂草化学防除			
稗草、稻稗	杂草在 3 叶期之前，全田茎叶喷雾	40%氰氟草酯可分散油悬浮剂，14～18mL/亩	用药前排水，用药后 24～48h 后回水
三棱草、萤蔺、慈姑、雨久花	杂草 2～5 叶期全田喷雾	460g/L 2 甲·灭草松可溶液剂，133～167mL/亩	

（三）水稻田主要抗性杂草治理

1. 稻稗

（1）应进行药剂的合理轮换。如采用噁草酮、丙草胺、莎稗磷、禾草丹等。

（2）保证整地质量，避免局部缺水。

（3）用药剂补救，如五氟磺草胺、二氯喹啉酸钠盐、氟吡磺隆。

2. 稻李氏禾

（1）直播田采用相对有效的药剂如双草醚、嘧啶肟草醚。

（2）插秧田采用醚磺隆、乙氧嘧磺隆。

（3）将阔叶除草剂与适量的扑草净或西草净混合使用。

（4）加强耕作管理。

（5）涂抹草甘膦。

3. 匍茎剪股颖

（1）做好池梗杂草防除，喷施草甘膦。

（2）涂抹草甘膦。

4. 泽泻、雨久花、慈姑等

（1）应进行药剂的合理轮换。如采用噁草酮、丙草胺、莎稗磷、禾草丹等。

（2）更换阔叶除草剂，应用醚磺隆、乙氧嘧磺隆等药剂。

（3）苗后应用五氟磺草胺、灭草松等茎叶喷雾处理。

二、水稻田常见病害防治

我国稻田病害种类较多，严重影响着水稻的生长与丰产。特别是最近几年，极端恶劣气候频频发生，高温、持续阴雨、长期干旱等更是进一步加重了病情的恶化。水稻三大病害稻瘟病、纹枯病、白叶枯病在主要稻区依然严重，并有继续扩大和加重趋势。细菌性病害如水稻白叶枯病、细菌性条斑病在华东、华南、西南和华中稻区普遍发生，局部病情有逐年加重趋势。

水稻发生最普遍的、对水稻生长影响最严重的病害还是稻瘟病、纹枯病和稻曲病，这些病害都属于真菌性病害，致病菌都属于半知菌亚门真菌。另外，水稻还有以危害叶片为主的胡麻叶斑病，对水稻长势和产量影响也是比较大的，致病菌也属于半知菌亚门真菌。

水稻田病害防治方法见表 5-5。

表 5-5　水稻田病害防治方法

常见病害	危害部位	致病菌	防治方法
稻瘟病	叶、节、穗、谷粒等不同部位	稻梨孢（*Pyricularia oryzae* Cav.）	325g/L 苯醚·嘧菌酯乳油，30～50mL/亩； 250g/L 嘧菌酯悬浮剂，50～70mL/亩； 16%春雷·稻瘟酰胺悬浮剂，60～100mL/亩； 35%三环唑·肟菌酯悬浮剂，50～70mL/亩； 2%春雷霉素水剂，80～100mL/亩
纹枯病	叶片、叶鞘，严重时可危害茎秆并蔓延至穗部	茄丝核菌（*Rhizoctonia solani* Kühn）	325g/L 苯醚·嘧菌酯悬浮剂，20～30mL/亩； 18.7%丙环唑·嘧菌酯悬乳剂，30～60mL/亩； 300g/L 氟唑菌酰胺悬浮剂，20～30mL/亩； 23%氟环唑·嘧菌酯悬浮剂，40～50mL/亩； 30%戊唑醇·肟菌酯悬浮剂，27～45mL/亩

续表

常见病害	危害部位	致病菌	防治方法
稻曲病	穗部	稻绿核菌 [*Ustilaginoidea virens*(Cooke) Takahashi]	18.7%丙环唑・嘧菌酯悬乳剂，30～60mL/亩； 47%春雷・王铜可湿性粉剂，50～60g/亩； 75%戊唑醇・肟菌酯水分散粒剂，10～15g/亩； 40%噻呋・嘧菌酯悬浮剂，30～40mL/亩； 28%井冈霉素・嘧菌酯悬浮剂，20～30mL/亩

三、水稻田常见虫害防治

目前水稻上的虫害有380多种，重要的有30多种，如稻纵卷叶螟、三化螟、二化螟、稻飞虱、稻瘿蚊、稻苞虫、稻蓟马、稻象甲等。

水稻田常见虫害防治方法见表5-6。

表5-6 水稻田虫害防治方法

常见虫害	发生规律	危害特征	防治方法
潜叶蝇	一般插秧早、稻田周围杂草多、长期深水泡田的地块利于水稻潜叶蝇产卵和幼虫为害	幼虫钻入叶片，在上、下表皮中间取食叶肉，残留叶表皮，形成细长、弯曲的潜道，叶片呈现不规则的白色条斑。为害重时可造成稻叶枯死、腐烂、整株死亡	70%吡虫啉水分散粒剂，4～6g/亩； 50%吡蚜酮水分散粒剂，5～6g/亩； 25%噻虫嗪水分散粒剂，6～8g/亩
负泥虫	喜阴凉，在山间稻田发生多，平原地区发生相对少。阴雨连绵更利于负泥虫为害水稻	主要发生于水稻苗期，以幼虫为害叶片为主，沿叶脉啃食叶肉，使叶片造成一条一条的白色纵痕，影响叶片的光合作用，对水稻产量造成一定的影响	2.5%溴氰菊酯乳油，15～30mL/亩； 2.5%三氟氯氰菊酯乳油，15～30mL/亩
稻飞虱	该虫发育适温20～30℃，最适26℃，高温、高湿、施氮过量发生较重	虫群集于稻丛下部刺吸汁液；雌虫产卵时，产卵器刺破叶鞘和叶片，易使水稻失水或感染病菌，影响光合作用和呼吸作用，严重时植株干枯	25%噻虫嗪水分散粒剂，2～4g/亩； 50%吡蚜酮水分散粒剂，12～20g/亩； 20%氟啶虫酰胺・噻虫胺悬浮剂，20～30mL/亩； 12%阿维・噻虫嗪微囊悬浮-悬浮剂，10～15mL/亩
二化螟	该虫越冬化蛹、羽化时间极不整齐，常持续约2个月，越冬代及随后各个世代发生期较长，可有多次发生高峰，造成世代重叠现象，防治难度大，应及时监测防控	幼虫钻蛀稻株，取食叶鞘、稻苞、茎秆等。分蘖期受害，出现枯心苗和枯鞘；孕穗期、抽穗期受害，出现枯孕穗和白穗；灌浆期、乳熟期受害，出现半枯穗，瘪粒增多，易倒折	6%阿维・氯虫苯甲酰胺悬浮剂，40～50mL/亩； 40%氯虫・噻虫嗪水分散粒剂，8～10g/亩； 30%甲氧虫・氰氟虫腙悬浮剂，20～30mL/亩； 5%氯虫苯甲酰胺超低容量液剂，30～40mL/亩

续表

常见虫害	发生规律	危害特征	防治方法
稻螟蛉	老熟幼虫化蛹在稻丛或稻秆、杂草的叶和叶鞘间越冬。每年发生代数因地而异。成虫趋光性强，白天多藏于稻丛或草丛中，喜欢夜晚活动	幼虫啃食叶肉，可见多条白色长条纹，仅留叶脉和一层表皮。三龄后食量增大，自叶缘啃食叶片，造成不规则缺刻	10%高效氯氟氰菊酯乳油，20mL/亩； 25g/L 溴氰菊酯乳油，20mL/亩； 20%阿维·三唑磷乳油，50mL/亩
稻纵卷叶螟	一代6月上中旬，二代7月上中旬，三代8月上中旬，四代9月上中旬，五代10月上中旬。一般二、三代危害严重，成虫有趋光性和趋向嫩绿稻田产卵的习性，喜食蚜虫分泌的蜜露或花露	幼虫抽丝纵卷水稻叶片成虫苞，形成白色条斑，造成白叶，后期致水稻千粒重下降，瘪粒增多	6%阿维·氯虫苯悬浮剂，45～50mL/亩； 40%氯虫·噻虫嗪水分散粒剂，6～8g/亩； 40%氰虫·甲虫肼悬浮剂，15～20mL/亩； 480g/L 毒死蜱乳油，42～85mL/亩

第四节 玉米病虫草害防治

玉米是三大粮食作物之一，主要用于饲料加工，直接用于食粮的只占 1/3。在我国，玉米分为春玉米和夏玉米。

夏玉米主要集中在黄淮海地区，包括河南全省、山东全省、河北省的中南部、陕西省中部、山西省南部、江苏省北部、安徽省北部，西南地区也有种植。

春玉米主要分布河北、陕西两省的北部，山西省大部分和甘肃省部分地区，西南诸省的高山地区及西北地区，其共同特点是由于纬度及海拔高度的原因，积温不足，难以实行多熟种植，以一年一熟春玉米为主，相对于夏播区，大部分春播区玉米生长期更长，单产水平也更高。

一、玉米田常见杂草防治

（一）玉米田常见杂草类型及特点

【发生种类】 玉米是我国的主要粮食作物，我国是世界上玉米主要生产国，常年种植面积约 3 亿亩。分春播、夏播，而夏播又分为与小麦套播、麦收前 7～10 日串种、麦后直播或灭茬后播种几种形式。东北三省、新疆主要是春玉米，淮河地区主要是夏玉米。玉米的杂草种类十分复杂，其中马唐、牛筋草、苣荬菜、苋等危害严重。

玉米田杂草发生普遍，种类繁多，主要有稗草、马唐、牛筋草、反枝苋、藜、马齿苋、铁苋菜、刺儿菜、田旋花、苍耳等春播发生的杂草。与夏播略有不同，春播田以多年生杂草、越年生杂草和早春性杂草为主，如打碗花、田旋花、苣荬菜、芥菜、蓼等；夏播田以一年生禾本科杂草和晚春性杂草为主，如稗草马唐、狗尾草、牛筋草、反枝苋、马齿苋等。玉米田其他杂草发生量相对较小的有藜、蓼、莎草、田旋花、田蓟、早熟禾、麻、龙葵、苣荬菜、荞麦蔓等。

【发生特点】 春玉米田发生的杂草有 2 个高峰期，5 月份以阔叶杂草为主，6～7 月份以禾本科为主，特别在玉米的苗期杂草危害严重，中后期杂草对玉米的生长影响比较小。玉米田杂草生命力极其旺盛，吸收肥水能力强，抗逆性强，适应能力极强，不分土质，一般具有成熟早、不整齐、出苗期不统一等特点，不利于防治，并且很多杂草能死而复生，尤其是多年生杂草，如马齿苋在人工拔除后在田间暴晒 3 日，遇雨仍可恢复生长，香附子的根深，不将地下茎捡出田外，在田间晒 30 日后，遇适当条件仍可发芽。此外，杂草还具有惊人的繁殖能力，绝大多数杂草的结实数是作物的几倍、几百倍甚至上万倍。调查发现，田间杂草发生为害越来越重，某些杂草同时产生了抗性，单一除草剂已不能抑制其发生、发展。一般造成减产 1～2 成，严重的减产 3～5 成以上。

【种群变化】 玉米主产区的河北、河南、山东、陕西等省的玉米种植方式播种面积逐年减少，而套种免耕、贴茬播种面积逐年增加，使用玉米田土壤处理除草剂处理的效果不佳，玉米田杂草群落发生了变化。土壤除草剂的除草效果与土壤湿度密切相关，土壤干燥时的除草效果大大降低，而我国春玉米的主要产区辽宁、吉林、黑龙江、内蒙古 4 省（自治区）几乎是十年九旱，而且春玉米播种时，经常刮风，药土层极易被风刮去。土壤干旱时，土壤处理剂的除草效果很难很好发挥，导致玉米田间杂草群落变化复杂。莠去津及其混剂在玉米田的长期单一使用，诱发了多种杂草的抗性。长期使用莠去津的玉米田，马唐对其抗药性上升。

（二）玉米田杂草防治

玉米田杂草防治方法见表 5-7。

表 5-7　玉米田杂草防治方法

土壤喷雾处理			
防除杂草	使用时期	防除药剂	注意事项
稗草、马唐、狗尾草、苋、藜、苘麻、苍耳、刺菜等	玉米播种后出苗前	42%精异丙・异噁唑・莠去津悬乳剂，250～350mL/亩	避免用药后持续低温多雨天气，盐碱地、沙土地、有机质含量地块应适当降低用量

续表

防除杂草	使用时期	防除药剂	注意事项
		69%乙·莠·异辛酯悬乳剂，145～170mL/亩	邻近其他作物应避免药液飘移
		34%异噁唑·莠去津悬浮剂，150～200mL/亩	避免用药后持续低温多雨天气，盐碱地、沙土地、有机质含量地块应适当降低用量
茎叶喷雾处理			
马唐、稗草、牛筋草、狗尾草、野黍、藜、蓼、苘麻、反枝苋、豚草、曼陀罗、牛膝菊、马齿苋、苍耳、龙葵、一点红等	玉米苗后3～5叶期，杂草2～4叶	30%苯唑草酮悬浮剂，5～6mL/亩	气温高于28℃避免用药，杂草草龄过大可适当复配莠去津，增加防除效果
		310g/L苯唑·莠去津悬浮剂，150～200mL/亩	气温高于28℃避免用药，甜糯玉米、爆裂玉米、制种玉米应进行小面积试验后才可进行使用
		28%苯唑·特丁津可分散油悬浮剂，80～100mL/亩	气温高于28℃避免用药，甜糯玉米、爆裂玉米、制种玉米应进行小面积试验后才可进行使用
稗草、马唐、牛筋草、看麦娘、马齿苋、反枝苋、藜、铁苋菜等		36%烟嘧·莠去津可分散油悬浮剂，55～65mL/亩	气温高于28℃避免用药，甜糯玉米、爆裂玉米、制种玉米避免使用
		30%烟嘧·硝磺·莠去津可分散油悬浮剂，90～100mL/亩	气温高于28℃避免用药，甜糯玉米、爆裂玉米、制种玉米避免使用

（三）玉米田抗性杂草和特种玉米除草技术

随着杂草群落的变化和耐药性的改变，近年来，玉米田出现了多种常规除草剂难以根除的恶性和抗性杂草，成为生产上尚待解决的难题，主要抗性杂草包括稗草、狗尾草、野黍、芦苇等禾本科杂草。根据现有药剂水平，我们应在施药时期、配方、助剂等几个方面着手，通过改变防治方法达到控制杂草的目的。

（1）交叉轮换使用除草剂及其复配制剂是防止杂草产生抗性的重要措施。

（2）玉米7叶期后，行间定向喷施草甘膦。

（3）改进苗后及封闭除草配方。

（4）添加喷雾助剂。

二、玉米田常见病害防治

玉米病害是影响玉米生产的主要灾害，常年损失6%～10%。全世界有玉米病害80多种，我国常见30多种。目前发生普遍而又严重的病害有大斑病、小斑病、锈病、纹枯病、弯孢霉叶斑病、茎基腐病、丝黑穗病等。

玉米田病害防治方法见表5-8。

表 5-8 玉米田病害防治方法

常见病害	危害部位	致病菌	防治方法
玉米小斑病	主要为害叶片，也可为害叶鞘、苞叶和果穗	主要由玉蜀黍双极蠕孢 [*Bipolaris maydis* (Nisikado et Miyake) Shoem.]引起	30%戊唑醇・肟菌酯悬浮剂，36～45mL/亩； 18.7%丙环唑・嘧菌酯悬乳剂，50～70mL/亩； 22%戊唑醇・嘧菌酯悬浮剂，40～60mL/亩； 24%井冈霉素水剂，30～40mL/亩
玉米大斑病	一般为害玉米叶片、叶鞘和苞叶	主要由大斑刚毛座腔菌 [*Setosph aeria turcica*（Luttrell）et Suggs]引起	30%戊唑醇・肟菌酯悬浮剂，36～45mL/亩； 18.7%丙环唑・嘧菌酯悬乳剂，50～70mL/亩； 22%戊唑醇・嘧菌酯悬浮剂，40～60mL/亩； 24%井冈霉素水剂，30～40mL/亩； 250g/L 吡唑醚菌酯乳油，30～50mL/亩； 43%氟唑菌酰胺・吡唑悬浮剂，16～24mL/亩

三、玉米田常见虫害防治

近几年发生的玉米螟、三代黏虫、玉米蚜虫、地下害虫危害依然比较严重，常常造成玉米苗期严重缺苗断垄，个别田块需要集中补种。同时在玉米生长中后期，玉米螟、玉米黏虫、玉米蚜虫严重影响到玉米正常生长。地下害虫主要以金针虫、蛴螬为主。

玉米田虫害防治方法见表 5-9。

表 5-9 玉米田虫害防治方法

常见虫害	发生规律	危害特征	防治方法
玉米螟	成虫夜间活动，飞行能力强，有趋光性。玉米螟适合在高温、高湿条件下发育。卵期干旱，玉米叶片卷曲，卵块易从叶背面脱落而死亡，为害较轻	幼虫孵出后，先聚集在一起，然后在植株幼嫩部分爬行，开始为害。初孵幼虫，能吐丝下垂，借风力飘迁邻株，形成转株危害。幼虫多为五龄，三龄前主要集中在幼嫩心叶、雄穗、苞叶和花丝上活动取食，被害心叶展开后，即呈现许多横排小孔；四龄以后，大部分钻入茎秆	10%四氯虫酰胺悬浮剂，20～40g/亩； 14%氯虫・高氯氟氰微囊悬浮-悬浮剂，15～20mL/亩； 40%氯虫・噻虫嗪水分散粒剂，10～12g/亩； 200g/L 氯虫苯甲酰胺悬浮剂，3～5mL/亩；
玉米蚜虫	玉米抽雄前，一直群集于心叶繁殖为害，抽雄后扩散至雄穗、雌穗上繁殖为害。扬花期是玉米蚜繁殖为害的最有利时期，故防治适期应在玉米抽雄前，适温高湿，即旬平均气温 23℃左右，相对湿度 85%以上	成、若蚜刺吸植物组织汁液，引致叶片变黄或发红，影响生长发育，严重时植株枯死，玉米蚜多群集在心叶，为害叶片时分泌蜜露，产生黑色霉状物。在紧凑型玉米上主要为害雄花和上层 1～5 叶，下部叶受害轻，刺吸玉米的汁液，致叶片变黄枯死，常使叶面生霉变黑	22%噻虫・高氯微囊悬浮-悬浮剂，10～15mL/亩； 600g/L 吡虫啉悬浮种衣剂，200～600mL/100kg 种子； 30%噻虫嗪种子处理悬浮剂，200～600mL/100kg 种子

第五节　小麦病虫草害防治

一、麦田常见杂草防治

（一）麦田常见杂草类型及特点

【发生种类】 麦类作物包括小麦（冬小麦和春小麦）、大麦（冬大麦和春大麦）、元麦（裸麦或青稞）和燕麦等。麦类作物在我国有悠久的栽培历史，特别是小麦的种植面积和总产仅次于水稻，是第二大粮食作物，现年种植3000多万公顷，为全国耕地总面积的22%～30%和粮食作物播种面积的20%～27%。总产小麦约1亿吨，占粮食总产的22%。

小麦比较耐寒、抗旱，还有一定的耐盐碱能力，适应性广，产区遍及全国各地。根据生态环境、品种类型和耕作栽培制度的不同，全国小麦种植可以分为3个大区，一是北方冬小麦种植区，包括长城以南，秦岭、淮河以北的地区，播种面积占全国麦田总面积的50%；二是南方冬小麦种植区，包括秦岭、淮河以南，大雪山以东地区，播种面积占全国麦田总面积的30%；三是春小麦和半春半冬小麦种植区，包括长城以北，岷山和大雪山以西地区。

据调查，全国各个地区遭受杂草危害的麦田面积，平均占麦类播种面积的30%以上。其中受害程度比较严重的面积，约占播种面积的9%。麦田杂草在全国分布普遍、对麦类作物危害严重的杂草有11种，包括野燕麦、看麦娘、马唐、牛筋草、绿狗尾草、香附子、藜、酸模叶蓼、反枝苋、牛繁缕和白芽。在全国分布较为普遍、对麦类作物危害较重的杂草有22种，包括金狗尾草、双穗雀稗、棒头草、狗牙根、猪殃殃、繁缕、小藜、凹头苋、马齿苋、大巢菜、鸭跖草、刺儿菜、大蓟、萹蓄、播娘蒿、苣荬菜、田旋花、小旋花、芥、千金子、细叶千金子和芦苇。在局部地区对麦类作物危害较重的杂草有20多种，其中热带、亚热带地区有硬草等10种；温带寒温带地区有荞麦蔓、本氏蓼、苍耳、香薷、密花香薷、鼬瓣花、薄蒴花、野葵、问荆和毒麦等。

【发生特点】 麦田杂草的发生规律受地理环境气象因素、耕作制度等影响。在北方和西南的春麦区及春冬小麦兼作区的春麦田中，当春季播种后，随着气温的逐渐升高，杂草萌发出苗逐渐增多。杂草出苗的早晚与气温关系密切。早春气温回升快，杂草萌发出苗早；反之则晚。据新疆垦区调查，在塔里木盆地，麦田杂草一般都是从3月下旬开始出土，此时的旬平均气温为5～8℃，出土的主要杂草有灰绿蓼、小藜和萹蓄等，杂草出现高峰期一般在4月上中旬，此时的旬平均气温在10℃以上，高峰期的出苗数量占全生育期出苗数量的30%以上。延至5月上旬，旬平均气温超过19℃，杂草出苗率占全生育期出苗总数80%以上；黑龙江地区春季麦田杂草出土分两个阶段，第一阶段在麦类出苗期，即气温升到5～12℃时，其间萌发出苗的杂草有野燕麦、荠菜、问荆、酸模、刺儿菜、蒿属杂草、藜等早春杂草；第二阶段在小麦2～3叶期，出苗的杂草有鸭跖草、卷茎蓼、鼬瓣花、还阳参、本氏蓼、苍耳、苋菜等晚春杂草，其发生盛期在5月下旬。山东地区冬小麦一般在9月底至 10月初播种。麦田杂草有秋、春两个发生高峰期：第一个高峰期在越冬前，即小麦播种至10月中下旬，这时出苗的杂草有荠菜、播娘蒿、鹅不食草、附地菜等越冬型杂草，这类杂草幼苗除少部分自然死亡外，一般均能安全越冬；冬季在麦田里缓慢生长，翌年3～5月继续复发，同时蓼、萹蓄、香附子、巢菜、小旋花等春型杂草也开始大量发生，从而形成麦田杂草发生的第二个高峰期。

【种群变化】 在南方冬麦区，麦田杂草也有冬前和冬后两个出苗高峰。杂草冬出苗数量的多少取决于播期、温度和雨水。 早茬麦田，播种后气温较高，雨水较多，杂草冬前出苗数量则多；晚茬麦田，播种时气温降低，雨水也减少，所以杂草冬前出苗数量较少，冬后即翌春杂草的发生取决于雨量和茬口，雨量适宜，杂草的发生量就大。晚茬麦田由于冬前未能形成发生高峰，一般到春季发生量较大。而早茬麦田，由于杂草在冬前已形成一个发生高峰，所以春季发生量则小。

（二）麦田杂草防治

麦田杂草防治方法见表5-10。

表5-10　麦田杂草防治方法

<table>
<tr><td colspan="4">麦田封闭处理杂草化学防除</td></tr>
<tr><td>防除杂草</td><td>使用时期</td><td>防除药剂</td><td>注意事项</td></tr>
<tr><td>禾本科杂草和阔叶杂草</td><td rowspan="2">播后苗前土壤处理</td><td>50%禾草丹乳油+25%绿麦隆可湿性粉剂，100～150mL/亩+120～200g/亩</td><td rowspan="2">用于小麦、大麦</td></tr>
<tr><td>一年生禾本科杂草及某些一年生阔叶杂草，如反枝苋、藜、鸭跖草、菟丝子等</td><td>50%禾草丹乳油+48%甲草胺乳油，100mL/亩+100mL/亩</td></tr>
<tr><td colspan="4">麦田茎叶处理杂草化学防除</td></tr>
<tr><td>多年生恶性禾本科杂草，如野燕麦、看麦娘、稗草、狗尾草、日本看麦娘、硬草等</td><td>禾本科杂草2叶期至分蘖中期以前茎叶处理</td><td>6.9%噁唑禾草灵，40～60mL/亩</td><td>①用于小麦田；
②在土壤中能迅速分解失活，对后茬作物影响较小；
③喷药后3h遇雨，对药效影响不大</td></tr>
</table>

续表

防除杂草	使用时期	防除药剂	注意事项
对野燕麦、雀麦、看麦娘等禾本科杂草和多年生双子叶杂草有明显防效	小麦2～5叶期，杂草1～4叶期	70%氟唑磺隆水分散粒剂，3～4g/亩	①秋季用量3～3.5g/亩；②春季用量3.5～4g/亩；③对小麦安全性较好
稗草、狗尾草、野燕麦等禾本科杂草。不仅能防除低龄稗，而且对3～4叶期的高龄稗也有理想的防除效果	苗后毒土处理	96%禾草丹乳油，250～350mL/亩	①用于小麦、大麦、青稞田；②将亩用药量均匀拌入20kg左右细沙中配制成药沙，撒施麦田中。为充分发挥药效，撒施后立即灌水
反枝苋、马齿苋、猪毛菜、猪殃殃、婆婆纳、播娘蒿、地肤、春蓼、藜、繁缕等	阔叶杂草2～4叶期茎叶处理	75%噻吩磺隆干悬浮剂，1.7～3.1g/亩	①用于小麦、大麦、野麦田；②为提高除草效果，可在药液中添加0.2%非离子表面活性剂；③施药时注意不要喷到临近阔叶作物上，避免药害
猪殃殃、麦仁珠、繁缕、牛繁缕、大巢菜、播娘蒿、碎米荠、田旋花、小花糖芥、卷叶蓼等	冬小麦2叶至拔节（6叶期）前，春小麦在2～5叶期茎叶处理	20%氯氟吡氧乙酸乳油，30～50mL/亩	施药后1h遇雨对药效影响不大
阔叶杂草如猪殃殃、繁缕、蓼属杂草、菊科杂草等	杂草3～6叶期茎叶处理	50g/L双氟磺草胺悬浮剂，5～6mL	主要用于冬小麦田
禾本科杂草和阔叶杂草	杂草2叶1心至3叶期茎叶处理	50%禾草丹乳油+25%绿麦隆可湿性，80～100mL/亩+120～150mL/亩	①用于小麦、大麦田；②喷药时麦田墒情好，防除效果显著

就全国范围来看，麦田的主要杂草看麦娘、野燕麦、棒头草、硬草、雀麦、猪殃殃、野芥菜、大巢菜、播娘蒿、问荆和一些藜科、十字花科、石竹科、苋科、菊科、豆科杂草。实践证明，因各类杂草对除草剂的敏感程度不同，故施用不同的除草剂种类及不同的用量、时期和方法，所得到的效果也不同。

1. 看麦娘

（1）播后苗前土壤处理采用绿麦隆或异丙隆。

（2）看麦娘基本出齐至越冬前和春季小麦返青后至拔节前茎叶处理选用精噁唑禾草灵、氟唑磺隆、炔草酯、唑啉·炔草酯和双氟·唑嘧胺等。

2. 野燕麦

（1）土壤处理选用野麦畏。

（2）茎叶处理时。可用野燕枯、精噁唑禾草灵、炔草脂等。

3. 棒头草

（1）播种后出苗的土壤处理选用禾草丹与甲草胺混用。

（2）茎叶处理时，可用唑啉·炔草酯和双氟·唑嘧胺。

4. 硬草

（1）麦类播后苗前土壤处理选用禾草丹与绿麦隆或甲草胺混用。

（2）硬草发芽到 1 叶 1 心期选用甲草胺。

（3）茎叶处理时，可用唑啉·炔草酯和双氟·唑嘧胺。

5. 燕麦

（1）播种前土壤处理选用燕麦敌。

（2）茎叶处理时，可用氟唑磺隆。

6. 猪殃殃、麦家公、荞麦蔓、千里光、薄蒴草、鸭跖草

（1）阔叶杂草大部分出土，并幼小时茎叶处理选用灭草松与 2 甲 4 氯或 2,4-滴丁酯混用。

（2）杂草大部分已出土、麦苗拔节以前茎叶处理。使它隆与 2 甲 4 氯或 2,4-滴丁酯混用。

（3）杂草基本出苗至株高不超过 10cm 时茎叶处理选用苯磺隆。

（4）小麦拔节前、阔叶杂草 4 叶期前茎叶处理选用溴苯腈。

7. 野芥菜、大巢菜、播娘蒿、问荆、藜、灰绿藜、滨藜、王不留行、米瓦罐、骆驼刺、苋、蓼、芥菜、苍耳等阔叶杂草

（1）冬麦区，早播麦田于冬前，晚播麦田于麦苗返青后拔节前茎叶处理选用 2 甲 4 氯或 2,4-滴丁酯。

（2）春麦区，在春季阔叶杂草大部分出苗、麦苗 3 叶期后茎叶处理，至拔节前结束选用 2 甲 4 氯或 2,4-滴丁酯。

二、麦田常见病害防治

麦田常见病害有条锈病、白粉病、赤霉病、叶锈病、叶枯病、根腐病、全蚀病、黑穗病、胞囊线虫病、病毒病、雪腐病、雪霉病等。

条锈病总体中等发生，发生面积约 3000 万亩。其中，甘肃陇南及陇中高山晚熟麦区、四川沿江河流域、河南南部、鄂西北与汉江两岸、新疆伊犁河谷及塔城盆地局部地区呈偏重流行态势，湖北大部、西南其他麦区、甘肃南部和中部、陕西南部及关中西部、宁夏南部、青海东部和新疆其他麦区中等流行，陕西其他地区、河南中北部、山东南部和东部、山西和河北南部偏轻发生。

白粉病总体偏重发生，发生面积 1.2 亿亩。其中，黄淮、江淮、长江中下游等高产麦区偏重发生，以种植密度高、郁闭田块发生程度重，华北、西南和西北地区中等发生。

纹枯病总体偏重发生，发生面积 1.3 亿亩。其中，湖北东部和江汉平原、安徽和江苏的淮北和沿淮、沿江麦区，以及河南、山东西南部偏重发生，江淮、黄淮、华北的其他麦区中等发生。

赤霉病偏重发生，流行风险高，发生面积 1 亿亩。其中，安徽和江苏沿淮及其以南、湖北江汉平原、浙江北部、上海沿海麦区有大流行的风险，长江中下游其他麦区、黄淮南部麦区有偏重流行的可能，黄淮北部、华北南部、西南和西北部分麦区可达中等流行。

叶锈病、叶枯病、根腐病、全蚀病、黑穗病、胞囊线虫病、病毒病、雪腐病、雪霉病在部分麦区会造成一定危害。

麦田病害防治方法见表 5-11。

表 5-11 麦田病害防治方法

常见病害	危害部位	致病菌	防治方法
小麦条锈病	危害叶片及叶鞘，破坏叶绿素	条形柄锈菌（*Puccinia striiformis* West.f.sp.*tritici* Eriks et Henn）	20%三唑酮乳油或 12.5%烯唑醇可湿性粉剂 1000～2000 倍液； 25%丙环唑乳油 2000 倍液
小麦赤霉病	茎秆、穗部为主	禾谷镰孢（*Fusarium graminearum* Schw.）、燕麦镰孢 [*Fusarium avenaceum* (Fr.) Sacc.]、串珠镰孢（*Fusarium moniliforme* Sheld.）	小麦抽穗期：30%多・酮可湿性粉剂 110g/亩；28%井冈霉素・多菌灵悬浮剂 110mL/亩；10%井冈・蜡芽菌悬浮剂 230mL/亩左右；咪鲜・甲硫灵可湿性粉剂 70g/亩；40%戊唑・福美双可湿性粉剂 80g/亩；28%烯肟菌酯・多菌灵可湿性粉剂 70g/亩； 小麦扬花初期：70%甲基硫菌灵可湿性粉剂 80g/亩；多菌灵・福美双・硫黄可湿性粉剂 250g/亩；40%多菌灵・三唑酮・福美双可湿性粉剂 80g/亩；70%福・甲硫黄可湿性粉剂 130g/亩；50%福美双可湿性粉剂 150g/亩；50%硫黄・多菌灵悬浮剂 125g/亩
小麦白粉病	主要为害叶片，严重时叶鞘、茎秆、穗部均会受到侵染	禾本科布氏白粉菌小麦专化型 [*Blumeria graminis* (DC.) Speer.f.sp. *tritici* E Marchal]	12.5%烯唑醇乳油 20～30mL/亩；15%三唑酮可湿性粉剂 60～80g/亩；12.5%烯唑醇可湿性粉剂 30～40g/亩；75%肟菌・戊唑醇水分散粒剂 10g/亩；25%丙环唑乳油 25～40mL/亩；40%多・酮可湿性粉剂 75～100mL/亩

三、麦田常见虫害防治

麦田常见虫害主要有蚜虫、吸浆虫、麦蜘蛛、地下害虫、黏虫、灰飞虱、麦叶蜂、麦茎蜂、白眉野草螟、土蝗等。

蚜虫总体偏重发生，发生面积 2.5 亿亩。其中，山东、河北大发生，黄淮、华北的其他麦区、四川、宁夏偏重发生，长江中下游大部麦区、西南和西北的其他麦区中等发生。

吸浆虫总体偏轻发生，发生面积 2300 万亩。其中，河南北部局部偏重发生，河北中南部、天津、陕西关中中东部麦区中等发生，但局部有重发田块，华北、黄淮和西北其他麦区偏轻发生。

麦蜘蛛总体中等发生，发生面积 9000 万亩。其中，河南西部、山西南部等地偏重发生，华北、黄淮、西北大部麦区中等发生，江淮、西南大部麦区偏轻发生。

金针虫、蛴螬、蝼蛄等地下害虫总体中等发生，发生面积 6000 万亩。其中，河南、山西、河北及西北大部麦区中等发生，华北、黄淮其他麦区偏轻发生。

黏虫、灰飞虱、麦叶蜂、麦茎蜂、白眉野草螟、土蝗在部分麦区会造成一定危害。

麦田虫害防治方法见表 5-12。

表 5-12 麦田虫害防治方法

常见虫害	发生规律	危害特征	防治方法
小麦蚜虫	一般麦长管蚜无论南北方密度均相当大，但北方发生更重；麦二叉蚜主要发生于长江以北各地，尤以比较少雨的西北冬春麦区频率最高	主要以成、若蚜吸食叶片、茎秆、嫩头和嫩穗的汁液。麦蚜能在为害的同时，传播小麦病毒病，其中以传播小麦黄矮病为害最大	每亩用 20%氰戊・马拉松乳油 80mL、20%百蚜净 60mL、40%保得丰 80mL、2%蚜必杀 80mL、3%骋蚜 60mL，50%抗蚜威可湿性粉剂 10～15g，10%吡虫啉可湿性粉剂 20g
小麦吸浆虫	分为麦红吸浆虫、麦黄吸浆虫两种，河南以麦红吸浆虫为主，麦黄吸浆虫主要发生在豫西等高山地带和某些特殊生态地区	以幼虫潜伏在颖壳内吸食正在灌浆的麦粒汁液，造成秕粒、空壳。小麦吸浆虫以幼虫为害花器、籽实和或麦粒	2.5%溴氰菊酯 3000 倍；40%杀螟松可湿性粉剂 1500 倍液喷雾

第六节 棉花病虫草害防治

棉花是我国主要的经济作物，在国防工业、对外贸易和人民生活中都有十分重要的作用。我国是产棉大国，种植面积 660 万公顷，主要分布在长江流域、黄淮地区和西北。棉花仅次于水稻、小麦、玉米和大豆，为我国第五大农作物。

一、棉花田常见杂草防治

由于棉花是宽窄行种植，苗期温度低生长缓慢，封行时间迟，杂草为害时间长，棉花生长季节多高温高雨、杂草种类多、数量大。种植土壤湿度大，人工除草费工费时，机械除草又难以进行。因此，管理不及时容易形成草害。

（一）棉花田常见杂草类型及特点

【发生种类】

各个棉区的杂草种类因地理位置、生态环境、栽培制度而不同，黄淮流域棉区是我国最大的产棉区，棉田主要有马唐、牛筋草、狗尾草、莎草、画眉草、马齿苋、藜、铁苋菜、反枝苋、凹头苋、旱稗、刺儿菜、鳢肠、田旋花等。在该棉区，杂草有两个发生高峰：第一个在 5 月中下旬，第二个在 7 月份。

【危害特点】

在长江流域棉区，棉花苗期正值梅雨季节，杂草生长旺盛，加之阴雨连绵，不能及时除草，杂草为害极严重。主要杂草有马唐、千金子、牛筋草、稗草、鳢肠、铁苋菜、香附子、马齿苋、刺儿菜、碎米莎草、田旋花、青葙、野苋、波斯婆婆纳、反枝苋、双穗雀稗、荷麻、藜和水花生等。杂草发生有三个高峰期：第一个高峰期在 5 月中旬，第二个高峰在 6 月中下旬，第三个高峰期在 7 月下旬至 8 月初。

在西北棉区，主要杂草有马唐、稗草、狗尾草、田旋花、野西瓜苗和芦苇等。杂草有两个发生高峰：第一个在棉花播种后到 5 月下旬，第二个在 7 月上旬至 8 月上旬。

（二）棉花田主要除草剂种类及应用技术

在黄淮流域和长江流域棉区，6 月下旬播种到 7 月中下旬棉花封行前的较长时间内，一直会有杂草出苗生长，播种期施用的除草剂可控制第一次出草高峰和 6 月上中旬以前发生的杂草，以后可结合中耕除草或实施第二次化学除草，以控制 6 月中旬到 7 月初第二个出苗高峰发生的杂草。

（三）棉花田杂草防治技术

棉花田杂草防治方法见表 5-13。

表 5-13　棉花田杂草防治方法

<table>
<tr><td colspan="4">土壤处理</td></tr>
<tr><td>防除杂草</td><td>使用时期</td><td>防除药剂</td><td>注意事项</td></tr>
<tr><td>一年生禾本科杂草如马唐、千金子等，对马齿苋、小藜、野苋等小粒种子的阔叶杂草也有效</td><td>播前或移栽前土壤处理</td><td>48%氟乐灵乳油，100～125mL/亩</td><td>常用剂量下，对棉花出苗或地上部分生长没有影响，但用量过高、喷药不匀、重喷或漏喷，会使棉苗侧根减少，主根近地表部位肿胀，影响棉苗生长</td></tr>
<tr><td>稗草、马唐、金狗尾、千金子等一年生禾本科杂草和小粒种子的阔叶杂草</td><td>播前或播后苗前土壤处理</td><td>72%异丙甲草胺乳油，100～230mL/亩</td><td>土壤干燥时，施药后可浅混土</td></tr>
<tr><td>多种一年生禾本科杂草和阔叶杂草，对一年生莎草也有较好的防效</td><td>播后苗前土壤处理</td><td>25%噁草酮乳油，150～200g/亩</td><td>底墒充足时药效好；棉苗对噁草酮较敏感，药液喷到棉叶上易产生药害。不宜用于苗后茎叶处理</td></tr>
<tr><td colspan="4">茎叶处理</td></tr>
<tr><td rowspan="3">一年生禾本科杂草，如稗草、野燕麦、看麦娘等，增加剂量时，对多年生杂草，如芦苇、狗牙根等也有效</td><td rowspan="4">棉苗4叶期，禾本科杂草 3～5 叶期茎叶处理</td><td>5%精吡氟禾草灵乳油，50～67mL/亩</td><td rowspan="4">天气干旱或草龄较大时应增加药量；施药时注意风速、风向，不要使药液飘移到附近禾本科作物田，以免造成药害</td></tr>
<tr><td>5%精喹禾灵，50～67mL/亩</td></tr>
<tr><td>10.8%精氟吡甲禾灵，30mL/亩</td></tr>
<tr><td>一年生禾本科杂草，如稗草、野燕麦、看麦娘等，增加剂量时，对多年生杂草，如白茅、匍匐冰草、狗牙根等也有效</td><td>20%烯禾啶乳油，85～100mL/亩</td></tr>
</table>

二、棉花田常见病害防治

棉花苗期病害有 20 余种，主要有根病和叶病两种类型。由于新疆棉区春季气候多变，常有明显的倒春寒，特别是播种早的地块极易发生苗期病害。苗期发生的病害主要有立枯病、猝倒病、茎枯病、褐斑病、角斑病、炭疽病等，尤其是苗期根病发生较重，造成大量的死苗，引起缺苗断垄，对棉花生产影响较大。

棉花田病害防治方法见表 5-14。

表 5-14　棉花田病害防治方法

常见病害	危害部位	致病菌	防治方法
棉花立枯病	棉花播种后，病菌侵染地下的幼根、幼芽。棉苗出土后，侵染接近地面幼茎基部	有性态为瓜亡革菌(*Thanatephorus cucumeris* (Frank) Donk)，无性态为立枯丝核菌(*Rhizoctonia solani* Kohn)	70%百菌清可湿性粉剂 600～800 倍液，每隔 10 天防治 1 次，连续 2～3 次；或喷洒 70%代森锰锌可湿性粉剂 400～600 倍液，每隔 10 天防治 1 次，连续 2～3 次

三、棉花田常见虫害防治

棉花苗期虫害主要有地老虎、蛴螬、蚜虫、棉蓟马等。地老虎可咬断棉苗，造成棉花缺苗断垄；苗蚜刺吸叶片，造成棉花卷叶，使植株生长停滞、发育迟缓，严重影响棉苗正常生长；棉蓟马吸食叶片和棉株生长点，造成植株畸形，生成无头棉或枝叶丛生的多头棉。

棉花田虫害防治方法见表 5-15。

表 5-15 棉花田虫害防治方法

常见虫害	发生规律	危害特征	防治方法
棉蓟马	在广东、海南、台湾、广西、福建等地年发生 20～21 代；在上海、云南、江西、浙江、湖北、湖南等地每年可发生 14～16 代；在北方年可发生 8～12 代	成虫、若虫在植物幼嫩部位吸食为害，叶片受害后常失绿而呈现黄白色，甚至呈灼伤状，叶片不能正常伸展，扭曲变形，或常留下褪色的条纹或片状银白色斑纹。花朵受害后常脱色，呈现出不规则的白斑，严重的花瓣扭曲变形，甚至腐烂	50%的辛硫磷乳油；35%伏杀硫磷乳油 1000 倍液

第六章 农药特性对飞防的影响

农药的成分、作用、产品质量等直接影响防治效果。此外，普通农药制剂一般含有增稠剂等，直接将多种药剂互配容易出现沉淀、结晶、絮凝等现象，导致喷头堵塞，且配药花费时间长，严重影响作业效率和效果。

用植保无人机进行飞防作业，首先要解决的问题是飞防用药剂。飞防作业为低容量或超低容量喷雾，使用的是高浓度药液，因此一般农药制剂无法用于飞防。常规农药制剂之所以不能直接应用于飞防作业，是因为常规农药制剂仅适用于高稀释倍数的人工喷洒或地面机械喷雾。为达到最佳分散性、润湿性、悬浮率等要求，每亩地用常规农药制剂需用 30～50kg 水稀释，稀释倍数为 3000～5000 倍。而飞防专用药剂需满足沉降性、抗飘移性、高附着性等要求，每亩地用飞防用药剂仅需水 800～1000mL，稀释倍数仅为 30～50 倍。目前，植保无人机飞防药剂市场存在着飞防专用药剂少、产品标准不一、缺乏配套应用解决方案等问题，尤其是缺少安全、高效、剂型合理、抗挥发和抗飘失性能、沉积附着性能好的飞防用药剂。到目前为止，我国对植保无人机飞防用药剂的质量控制还未有完整的产品质量标准，对飞防用药剂的质量控制仅采取常规的悬浮剂理化技术要求控制飞防用药剂理化性能，这不能有效反映无人机飞防作业的药剂飘移范围、雾滴在作物上沉降性能以及耐雨水冲刷能力（持留率）。而这些恰是反映植保无人机飞防作业药效优势的质量要素。

第一节　农药的分类

由农药的定义可知大部分的农用化学品都可以称作为农药，为了更好地了解、研究和使用农药，可根据农药的用途、防治对象、作用方式等不同，将农药进行不同的分类。

（一）杀虫剂

（1）胃毒剂　只有被昆虫取食后经肠道吸收进入体内，到达靶标才可起到毒杀作用的药剂。如敌百虫、辛硫磷、乐果、毒死蜱等。

（2）触杀剂　接触到虫体（常指昆虫表皮）后便可起到毒杀作用的药剂。如敌敌畏、辛硫磷、乐果、溴氰菊酯、噻嗪酮等。

（3）内吸剂　使用后可以被植物的根、茎、叶及种苗等吸收，并可传导运输到其他部位组织，使害虫吸食或接触后中毒死亡的药剂。如吡虫啉、噻虫嗪、阿维菌素等。

（4）熏蒸剂　以气体状态通过昆虫呼吸器官进入体内而引起昆虫中毒死亡的药剂。如敌敌畏、氯化苦等。

（5）拒食剂　影响昆虫的味觉器官，导致昆虫厌食或拒食，最后因饥饿、失水而逐渐死亡，或因营养摄取不足而不能正常发育的药剂，如印楝素等。

（6）昆虫生长调节剂　由于破坏昆虫的正常的生理功能而导致害虫死亡的药剂，如氟啶脲就是通过抑制昆虫表皮的几丁质合成，从而致使害虫死亡的。

（二）杀菌剂

（1）保护性杀菌剂　在病害流行前施用于植物体可能受害的部位，以保护植物不受侵染的药剂，如多菌灵、代森锰锌、百菌清等。

（2）治疗性杀菌剂　在植物已经感病的情况下具有治疗作用的药剂，一般多为内吸性或渗透性杀菌剂，进入植物体内后随着植物体运输传导而起到治疗作用，如三唑酮、苯醚甲环唑、噻呋酰胺等。

（3）铲除性杀菌剂　对病原菌有直接强烈杀伤作用的药剂。这类药剂常对植物生长有一定影响，故一般只用于播前土壤处理、植物休眠期或种子处理。

（三）除草剂

除草剂是能够防除杂草而不伤害有意栽培植物的药剂。由于除草剂的化学结构、选择性、传导、作用和处理方法的不同，除草剂分为不同的类型。将除草剂进行合理分类，能帮助我们掌握除草剂的特性，从而能合理、有效使用。

1. 根据使用方法分类

根据除草剂的使用方法分为茎叶处理剂、土壤处理剂和土壤兼茎叶处理剂。

（1）土壤处理除草剂　将除草剂施到土壤或土表水层中，杂草在土壤或土表水层中通过根系或幼芽吸收除草剂。主要防治杂草幼芽或幼苗。根据除草剂的特性与使用方法可分为土表处理或混土处理。土表处理是在作物播种后、出苗前应用，如乙草胺、异丙甲草胺和异丙草胺等，其除草剂效果受土壤含量影响很大，年际之间由于气候条件，特别是降雨量的变化，除草效果不够稳定。混土处理是在作物播种前处理，并利用圆盘耙将除草剂混拌于 4～8cm 土层中。通常，饱和蒸气压高、易挥发或易光解的除草剂多用于混土处理，如二硝基苯胺及硫代氨基甲酸酯类除草剂。土壤处理除草剂使用时应考虑：根据土壤有机质及机械组成确定用药量；根据持效期及淋溶特性确定轮作中的后茬作物。

（2）茎叶处理除草剂　在杂草出苗后，将除草剂施到杂草的茎叶上，杂草通过茎叶吸收除草剂。这类除草剂在杂草出苗后使用，对出苗的杂草有效，但不能防除未出苗的杂草。茎叶处理除草剂的优点是：根据杂草种类选择除草剂品种与剂量；土壤类型与含水量对药效的影响小；不打破上表覆盖的残茬。

（3）土壤兼茎叶除草剂　这类除草剂既能用于茎叶处理也能用于土壤处理。

2. 根据对杂草和作物的选择性分类

（1）选择性除草剂　在一定环境条件与用量范围内，能够有效防除杂草而不伤害作物，农业生产上应用的绝大多数除草剂都是选择性除草剂。除草剂的选择性是相对的，使用不当就会丧失选择性而伤害作物，甚至完全杀死作物。

（2）非选择性除草剂或灭生性除草剂　这类除草剂对作物和杂草都有毒害作用，如草甘膦等。这类除草剂主要用在作物出苗前杀灭杂草，或用带有防护罩的喷雾器在作物行间定向喷雾，或用于转基因抗除草剂作物田。

3. 根据适用的杂草类型分类

（1）禾本科杂草除草剂　主要用来防除禾本科杂草，能防除很多一年生和多年生禾本科杂草，对其他杂草无效或效果不佳。如二氯喹啉酸，对稻田稗草特效，对其他杂草无效或效果不好。

（2）莎草科杂草除草剂　主要用于防除莎草科杂草，如杀草隆，能在水、旱地防除多种莎草，但对其他杂草效果不好。

（3）阔叶杂草除草剂　主要用于防除阔叶杂草，如百草敌、灭草松和苯磺隆等。

（4）广谱除草剂　适用范围比较广，针对的杂草比较多，如莠去津能有效地防除玉米地的阔叶杂草和禾本科杂草。又如灭生性的草甘膦对大多数杂草有效。

4. 根据传导方式分类

（1）传导性除草剂　植物吸收药剂后可被根茎叶、芽鞘等部位吸收，并经输导组织从吸收部位传导至其他器官，破坏植物体内部结构和生理平衡，造成杂草死亡，许多除草剂品种如 2 甲 4 氯、吡氟禾草灵和草甘膦等均为传导性除草剂。此类除草剂进行茎叶处理时，不要求杂草各部位均黏着药液雾滴。

（2）触杀性除草剂　这类除草剂不能在植物体内传导或移动性很差，只能杀死植物直接接触药剂的部位，不伤及未接触药剂的部位，如敌稗、氟磺胺草醚等。使用触杀除草剂时应注意：①使杂草各部位最大限度地接触液滴；②在杂草生长至一定程度时喷药，因杂草过小，不易承受雾滴，而过大则抗性增强，仅局部受害，整株不易致死；③作物发生病害时，易于恢复，对产量影响小或无影响。

5. 根据作用方式分类

除草剂可分为细胞分裂抑制剂、组织发育抑制剂、光合作用抑制剂、呼吸作用抑制剂、脂肪酸合成抑制剂、氨基酸合成抑制剂、微管形成抑制剂、生长素干扰剂等。

第二节　农药应用技术

一、农药的配制

科学合理地配制农药，是保证植保无人机防治效果、安全使用的关键。飞防作业中对农药的科学配制技术及操作性要求较高，需要对农药性质与用量等有全面的认识。

（一）使用量的计算

在农药标签上，一般使用量的标注方式有四种：制剂用量、有效成分用量、稀释倍数、ppm。

1. 制剂用量

制剂用量是农药使用中最常用、最直接的用量表示方法，就是指商品农药的使用量。计算方法：制剂用量=单位面积农药制剂用量×施药面积。如 46%的氢氧化铜，亩用量30g，则100亩地氢氧化铜制剂用量：30g/亩×100亩=3000g。

2. 有效成分用量

国际通用的使用量标注方法。如防治小麦蚜虫，抗蚜威的推荐使用量为5.0～7.5g/亩（有效成分），此用量在田间不能直接使用，需要根据抗蚜威的含量换算成制剂用量。换算方法：制剂用量=有效成分用量÷农药含量。如50%抗蚜威制剂用量=5.0～7.5g/亩（有效成分）÷50%=10～15g/亩。

3. 稀释倍数

稀释倍数是指农药制剂与所兑水的比例。如2.5%高效氟氯氰菊酯，稀释倍数为3000倍液，就是指1L制剂可以兑水3000L。计算方法：制剂用量=用水量÷稀释倍数×施药面积。无人机一般用水量为500～1000mL/亩。100亩地高效氟氯氰菊酯制剂用量：500～1000mL/亩÷3000×100亩=16.67～33.33mL。

4. ppm

ppm指百万分之一（mg/kg或mL/L）的浓度表示法。如1mg/kg是指药液中有效成分的含量。计算方法：制剂用量=使用浓度×10^{-6}÷制剂含量×用水量×施药面积。如85%赤霉素，使用浓度为20ppm，无人机用水量为1000mL/亩，100亩地制剂用量为：20ppm÷85%×1000mL/亩×100亩=2.35g。

（二）农药的称量

植保无人机所使用的农药一般为固态或液态两种。固态农药如可湿性粉剂、水分散粒剂等用秤或天平量取。用量极少时，也可以用等分法分取，以kg或g为单位。液体农药如水剂、乳油、微乳剂和悬浮剂等，使用有刻度的量具如量杯、量筒，用量极少时，也可以用注射器抽取，以L或mL为单位。无论是固态或液态农药，均不提倡用瓶盖量取。一是量取数量不准确，二是极易洒泼出来，引起经皮中毒。

（三）农药的稀释

采用二次稀释法（也称两步配药法）。先用较小的一个容器，将少量水倒入，再将称取好的农药制剂缓慢加入水中，充分搅拌均匀，稀释成母液或母粉，然后再将其加入到配药罐中，再次稀释搅拌均匀即可。二次稀释法有利于农药充分分散、精准用药及减少药害，可提高防治效果。

农药稀释对水的要求：无人机喷药比常规喷药要求严格，不是所有的水拿来即可使用。首先是水温，一般水温要求控制在20～25℃。温度过高会使农药变性；温度过低，农药不能充分溶解。其次，忌用活水配制农药。活水中杂质较多，用其配制农药易堵塞无人机喷头，同时还会破坏药液的悬浮性而产生沉淀。再次，深井水不宜直接配制农药。井水中含钙、镁等离子较多，这些矿物质与农药结合，易产生沉淀而降低药效。最后，污水等不能配制农药。因为不明污水中含有的成分复杂，以免与农药发生化学反应，从而导致农药失效或对农作物造成药害。

二、防治对象及防治阈值的确定

（一）防治对象

植保无人机不是万能的，并不能解决农业上所有的病虫草害问题。土传病害、种传病害、线虫病害及地下害虫，因为其病原菌、虫卵来源于土壤或种子自带，无人机防治效果较差。钻蛀性害虫，在害虫钻蛀之前防治有一定效果，进入植物体内以后无人机防治就没有任何意义。在除草方面，封闭除草因为用水量较大，无人机无法提供大量水分，形不成药膜，达不到封闭效果。

（二）防治阈值

病原（或虫卵、草籽）、寄主和环境条件是病虫草害发生的三要素，这三个要素之间相互作用形成三角关系，缺一即不可能发生病虫草害。我国的植物保护方针是“预防为主，综合防治”。通过植物检疫、农业措施、栽培技术、物理手段等将病虫草害控制到最理想的状态。病虫草害的轻微发生，不会对农作物造成严重危害，反而有利于维持生态平衡，达到一定的防治阈值才会需要在适当的时期进行药物控制。

防治阈值也叫经济阈值（ET）：在能有效组织有害生物再爆发的前提下所允许的有害生物密度。在此病虫草害达到此水平时应采取控制措施，以防止病虫草害达到经济危害水平。不同的作物及不同的病虫草害，其防治阈值也不尽相同。

三、除草剂应用要点

目前飞防作业过程中，杂草防治较难，其对飞防技术要求极高，需掌握杂草与作物的生长特性、杂草生长时期、除草剂药性等信息，避免造成杂草防治效果不佳或药害等现象。

1. 气候条件

除草剂的除草效果受许多因素制约。如除草剂种类、当地的杂草种类及其生育阶段、多种土壤类型和复杂的气候条件等，都会影响除草剂的药效。但主要影响除草剂药效的是土壤质地和有机质含量、土壤水分、土壤 pH 值、土壤微生物与气象因素等。

除草剂的药效往往受气候影响较大，不同的地区气候的变化每年都有差别，同一季节内在不同地区差异也很大。气候变化对除草剂药效的影响主要有以下几个方面：

（1）风对除草剂药效的影响　风主要影响施药时除草剂雾滴的沉降。风速过大，除草剂雾滴易飘移，减少在土表和杂草整株上的沉降量，而使除草剂的药效下降。同时，因风力的作用，除草剂雾滴还可随风飘移到附近其他敏感作物上造成药害。所以施用除草剂时要考虑风力的大小和风向，避免发生药害和提高药效。所以如果田间风速超过 3 级，大风天气应停止除草剂施药作业。

（2）雨对除草剂药效的影响　土壤湿度对除草剂药效的影响显著。土壤湿度主要靠降雨来调节，施在土壤表层的除草剂需要适度的降雨，将其淋溶到杂草种子发芽和根系生长的土层深度，使之充分接触与吸收。适时降雨和合适的雨量（以 10～15mm 为宜），提高土壤墒情，有利于土壤处理的除草剂发挥药效。北方地区春播作物播后芽前施药，除草剂药效往往不理想，主要是土壤湿度小或施药后无降雨。

对于茎叶处理除草剂，施药后就下雨，杂草茎叶上喷雾的除草剂会被冲刷掉，从而降低药效。当然，除草剂的品种不同，植物吸收药剂的速度不同，药效减低的程度也有差异。

（3）温度对除草剂药效的影响　温度主要是指除草剂施用时的温度。首先是除草剂的活性受温度影响较大。一般情况下，除草剂的使用效果与温度高低成正比，温度能加速除草剂在植物体内的传导，同时气温也影响药剂的吸收。温度高，杂草吸收和输送药剂的能力强，除草剂容易在杂草的敏感部位起作用，发挥良好的除草效果。实验结果表明，施用除草剂时，空气与土壤的温度越高，其药效越显著，特别是喷药后的最初 10h 内温度影响最显著。

某些除草剂温度过高时易挥发、飘移，容易造成其他作物药害。所以，使用除草剂高温季节应在 10：00 前、16：00 后，低温季节可选择 10：00 后至 15：00 前。同时，高温季节用药可选择低剂量，低温季节用药可选择高剂量。另外，高温时间用药，杂草叶片的气孔都是开启的，有利于除草剂进入杂草体内，提高除草效果。

在温度低的天气条件下，除草剂的使用效果不仅会明显降低，而且农作物体内的解毒作用会因气温低而比较缓慢，从而诱发药害。取代脲类除草剂在正常土温情况下需 5～10 天见效，而早春 5～7 天即可见效，但也有特殊情况，如 2 甲 4 氯应用于小麦田除草，在低温下（20°C 以下）其除草效果比 2，4-滴丁酯好，而且对作物安全。使用除草剂最适宜的温度为 20～35°C。

（4）湿度对除草剂药效的影响　空气湿度对除草剂的除草效果影响明显。在空气湿度比较大的情况下施用茎叶除草剂，可延缓其在杂草表面的干燥时间，有利于杂草叶面气孔开放，从而吸收大量的除草剂达到提高除草效果的目的。如空气湿度过大，杂草叶面结露，药剂会流失，进而降低药效。如空气湿度过小，杂草难以吸收除草剂，除草效果差。干旱条件下，作物和杂草生长缓慢，作物耐药性差，并有利于杂草茎叶形成较厚的角质层，降低茎叶的可湿润性，影响对除草剂的吸收。同时，杂草为了适应干旱环境，减少水分蒸发，大部分气孔关闭，影响吸收，而且干旱条件下，杂草的根系更加发达，增加防除难度。

（5）日照对除草剂药效的影响　日照的强弱与除草剂的使用效果也密切相关。在日照的条件下使用除草剂，有利于杂草对除草剂的吸收和传导，强日照时因温度的升高，大多数除草剂的活性也会随之增强，因而可提高除草剂的功效。

光对某些除草剂的影响十分明显。对于需光的除草剂来说，光照是发挥除草活性的必要条件。如除草醚等是光活性除草剂，在光的作用下才起除草作用。

易光解的除草剂在阳光照射下很快被分解或挥发失效。如氟乐灵、灭草猛等见光后易发生光解而失效。因此，这类用于土壤处理的除草剂施药时要浅混土才能发挥除草作用。

（6）干旱对除草剂药效的影响　苗后茎叶处理除草剂的药效同样也受干旱影响，干旱不仅会阻止药液在叶面上的扩散，而且还会使杂草叶面的气孔、皮孔的开张和呼吸作用受到抑制，生理活性也会受到限制，杂草生长缓慢，吸收药剂的能力也随之减弱，从而不能达到较好的除草效果。

（7）水质对除草剂药效的影响　水质对除草剂的影响主要是指稀释除草剂所用水的硬度和酸碱度。硬度大的水会使除草剂药效下降，而水的酸碱性会影响药剂的稳定，造成部分有效成分失效，从而降低除草效果。

2. 土壤条件

土壤处理除草剂的除草效果受土壤条件影响明显。土壤质地、有机质含量、水分、pH 值和墒情等因素直接影响土壤处理除草剂在土壤中吸附、降解速度、移动和分布状态，从而影响除草剂的药效。

（1）土壤质地　土壤质地明显影响除草剂的除草效果。沙地土质对药剂吸附力较差，容易随水分向土壤深处淋溶，这样有助于提高药效，但相对地也容易造成作物受害。因此，土壤处理除草剂药剂的除草效果以沙土、壤土、黏土顺序递减。对作物的药害也以沙土、壤土、黏土顺序递减。一般黑土和细土比浅色的粗质土需要施入的除草剂多。原因是细土颗粒胶体具有较大的比表面积，吸附量大。

一般来说，沙质土对除草剂吸附较少，使用土壤处理药剂时宜使用低剂量；黏质土一般较沙质土对药剂的吸附能力强，用药剂量应稍高。

（2）有机质含量　土壤有机质含量关系到单位面积除草剂的用量，这是因为有机质具有吸附作用可降低药效。土壤有机质含量的高低，对除草效果影响也特别大，土壤有机质含量高，对除草剂吸附能力强，除草剂药液不易在土壤中移动而形成稳定的除草剂药层，出现封不住的现象，从而降低除草剂的活性。因此有机质含量高的地块，为了保证药效，使用土壤处理剂除草时，应加大除草剂的使用量或采取苗后茎叶处理。

（3）土壤水分　土壤墒情好、水分充足，作物和杂草生长旺盛，有利于杂草吸收除草剂，并在杂草体内传导运输，从而达到最佳除草效果。若没有适宜的土壤水分含量，土壤封闭处理难以发挥药效，因为封闭处理的药剂喷洒到土壤表面后，要溶解在土壤水分中，进而形成稳定的药层。

在土壤类型中黏质土和细土的比表面积大，空隙多，能储存较多的水分。但在干旱的情况下，除草剂则被牢固地吸附在土粒表面，较难发挥出除草作用。水分过多时，除草剂的分子游离在水中，发生解吸附现象，药剂脱离土粒的吸附随水分的移动而流失。在适当的水分情况下，除草剂很容易被植物的根吸收，发挥真正的除草效果。用于水稻田防除杂草的许多除草剂，施药后要求保持一定深度的水层，才能保证药效。

大气湿度低、土壤水分少，不利于杂草根系对除草剂的吸收，会明显降低除草剂的效果。土壤处理除草剂的效果受干旱影响非常显著。长期干旱，土壤水分减少，不利于杂草根系对土壤中药剂的吸收，因而很难发挥除草效果。

土壤含水量对土壤处理除草剂的活性影响极大。土壤含水量高有利于除草剂的药效发挥，反之则不利于除草剂药效的发挥。为了保证土壤处理除草剂的药效，在土表干燥时施药，应提高喷液量，或施药后及时浇水。

（4）土壤 pH 值　土壤 pH 值会影响一些除草剂的离子化作用和土壤胶粒表面的极性，从而影响除草剂在土壤中的吸附。土壤 pH 值主要通过影响吸附除草剂与土壤成分的化学反应而间接影响淋溶。一般当 pH 值在 5.5～7.5 时除草剂能较好地发挥作用。在酸性或碱性较强的土壤中，除草剂受到的影响较大，过酸或过碱的土壤对某些除草剂起到分解、中和作用，从而影响药效。如在碱性土壤中施用酸性除草剂，封闭效果就会很差或无效。

土壤 pH 值也影响某些除草剂的降解。如磺酰脲类除草剂在酸性土壤中降解快，而在碱性土壤中降解慢。咪唑啉酮类和磺酰脲类除草剂的活性随土壤 pH 值增加而增加。

（5）土壤微生物　土壤中的微生物包括细菌、放线菌、真菌、藻类、原生动物等。多数除草剂属于有机化合物，可被土壤微生物降解，不同种类的除草剂在土壤中被微生物降解而失去活性，降低除草效果甚至失效。因此，当土壤中分解某种除草剂的微生物种群较大时，则应适当增加该除草剂用量，以保证其药效。不同的除草剂被降解的程度不同，易被降解而失去活性的除草剂则不宜被用于土壤处理。

第三节　农药剂型

在飞防实践中，当确定了农药品种之后，还需要选择合适的农药剂型。目前，市面上销售的农药剂型种类有很多，下面介绍一些常见的农药剂型。

1. 乳油（EC）

乳油是农药的传统剂型之一。具体是将原药按一定比例溶解在有机溶剂中（如常用的苯、甲苯、二甲苯等），并加入一定量的乳化剂与其他助剂，配制成一种均相透明的油状液体。乳油加工过程比较简单，而且适用性比较广，无论是杀虫剂，还是杀菌剂或者除草剂等都可以加工成乳油使用。但是乳油也存在很多的问题，其所使用的有机溶剂对人体健康有很大的影响，对生态环境也是不利的，另外，乳油闪点较低、挥发性较高，在使用和运输中存在一定的风险。飞防植保作业使用的药液浓度很高，对施药人员以及作业对象的不利影响会更高，因此建议，飞防作业减少乳油剂型的使用。

2. 可湿性粉剂（WP）

可湿性粉剂是由原药、填料和助剂等混合组成，并经过粉碎至一定细度而制成的一种粉状制剂。可湿性粉剂是农药剂型加工中历史比较悠久、技术比较成熟的一种剂型，是传统的四大农药剂型之一。与乳油相比，它包装、运输方便，一些不溶于常用有机溶剂或溶解度很小的杀菌剂、除草剂，大多可加工成可湿性粉剂。但其也存在一些缺点，如使用时计量不方便、加工中有一定的粉尘污染等。在飞防植保中使用可湿性粉剂要注意加入的可湿性粉剂浓度不要太高。我国对可湿性粉剂的细度要求是 325 目标准筛（即粒径<44μm）过筛率大于 95%。

3. 悬浮剂（SC）

悬浮剂是以水为分散介质，将原药、助剂经过湿法超微粉碎制得的农药剂型。其基本原理是在表面活性剂和其他助剂作用下，将不溶于水或难溶于水的原药分散到水中，形成均一稳定的悬浮体系。悬浮剂是现代农药中十分重要的农药制剂，具有较好的生物活性和广阔的开发前景。悬浮剂不使用有机溶剂，以水为分散介质，施药中无粉尘飘移，高效低毒，为代替粉状制剂的优良选择。但悬浮剂热力学稳定性差，容易出现沉积现象，致使悬浮剂分层。悬浮剂适合使用植保无人机进行喷洒，但使用悬浮剂之前要摇匀悬浮剂药液，然后再配药、喷洒。

4. 水乳剂（EW）

水乳剂也称之为浓乳剂，是不溶于水的液体农药或固体农药溶于与水不相溶的有机溶剂，通过输入能量并借助适当的乳化剂，以极小的液滴分散到水中形成的一定时期内稳定的不透明乳状液，其外观为不透明白色乳状液。与固体有效成分分散在水中的悬浮剂不同，也与用水稀释后形成乳状液的乳油不同，水乳剂是乳状液的浓溶液。水乳剂喷洒雾滴比乳油大，飘失减轻，没有可湿性粉剂喷施后的残迹等现象，具有药效好、环境污染小、对人畜低毒、贮存安全等优点，已成为国际上公认的绿色环保剂型，是国际粮农组织推荐使用的四大环保剂型之一。但由于水乳剂以水为介质，容易水解的农药较难或无法加工成水乳剂，随着贮存过程中温度和时间的变化，油珠可能逐渐长大而破乳，有效成分也可能因水解而失效，所以水乳剂的有效期相对较短。水乳剂是适合飞防作业的良好剂型之一。

5. 微乳剂（ME）

微乳剂是由油性原药、乳化剂和水组成的感观透明或半透明的均一液体，用水稀释后成为微乳状液体的制剂。它是一种自发形成的热力学稳定的乳状液，又称之为水性乳油。微乳剂具有环境污染小、粒子微小、对有害生物具有良好的渗透性等优点，但因为微乳剂的发展较晚，其在农业领域中的实际应用还较少，还未在农药加工中得到普遍推广。微乳剂也是适合飞防作业的剂型之一。

6. 水分散粒剂（WG）

水分散粒剂是加水后能迅速崩解并分散成悬浮液的粒状制剂。水分散粒剂是 20 世纪 80 年代初在欧美发展起来的一种农药剂型，也称之为干悬浮剂。与传统农药剂型相比，水分散粒剂具有使用时没有污染，包装储存方便、安全，有效成分含量高，在水中分散悬浮率高等优点，适用于多种农药，是当今农药剂型中最具有优势和竞争力的剂型之一。在飞防作业中，水分散粒剂也是一种可使用的剂型，但使用时药液的浓度不要太高，否则会出现沉淀，阻塞喷头，影响正常作业。

7. 水剂（AS）

水剂是农药原药的水溶剂型，是有效成分以分子或离子状态分散在水中的真溶液制剂。水剂由原药、水和防冻剂组成，但通常也含有少量润湿剂。对原药的要求是在水中有较大溶解度且稳定，如草甘膦异丙铵盐。而在水中溶解度小或不溶于水的原药若可制成溶解度较大的水溶性盐，并保持原有生物活性，也可以加工成水剂。水剂是非常适合无人机进行施药的农药剂型。

8. 可溶粉剂（SP）

可溶粉剂由水溶性原药、填料和其他助剂组成，在使用浓度下有效成分能够迅速分散而完全溶解于水中的一种新剂型。由于原药性能和加工工艺不同，产品外观往往呈粉末状或颗粒状，统称为可溶粉剂。可溶粉剂有效成分的含量一般在50%以上，有的高达 90%。与可湿性粉剂、悬浮剂以及乳油等制剂类型相比，可溶粉剂在水中可以快速溶解，使有效成分以分子状态均匀地分散于水中，更能充分发挥药效。但可溶粉剂的原药必须是可以溶于水，或者是有效成分转变成盐或引入亲水基后能够溶于水中的，这在一定程度上限制了可溶粉剂的推广。在飞防作业中，可溶粉剂是较为适合的剂型之一。

9. 超低容量液剂（UL）

传统的农药制剂用水量较大，用少量水稀释后，容易出现沉淀、结晶、絮凝等不良情况，易堵塞喷头或产生药害。发达国家由于使用植保无人机较早，飞防专用剂型-超低容量液剂使用相对普遍。超低容量液剂与常规剂型相比，有如下优势：直径 50～100μm，药液覆盖率高，渗透性好；喷雾药液浓度比常规喷雾高数百倍，功效高几十倍；喷雾量低，每亩药水用量 60～330mL；以高沸点油性溶剂为载体，比常规喷雾药液以水为载体耐冲刷性强，药效期长。

农药主要剂型的特点见表 6-1。农药剂型飞防适应性及飞防要求见表 6-2。

表 6-1　几种主要农药剂型优缺点

农药剂型	成分	优点	缺点
水剂（AS）	原药、水、防冻剂、润湿剂	使用方便	对原药成分要求高，有效成分需溶于水
可溶粉剂（SP）	水溶性原药、填料、其他助剂	溶解快速，原药发挥充分	浓度过高可能沉淀堵塞喷头
悬浮剂（SC）	原药、助剂经过湿法超微粉碎制得	无粉尘飘移，高效低毒	放置时间长易沉淀分层
水乳剂（EW）	不溶于水的液体农药或固体农药、乳化剂	药效好，污染小，低毒	贮藏期短
微乳剂（ME）	油性原药、乳化剂和水	环境污染小，渗透性好	开发较晚，在农业领域的实际应用较少
水分散粒剂（WG）	原药、分散剂、润湿剂、黏结剂、崩解剂、填料等	无污染，包装贮存方便	浓度过高易沉淀而堵塞喷头
乳油（EC）	原药、有机溶剂、乳化剂	适用性广，防治效果好	存在运输风险，影响人体健康，易导致环境污染
可湿性粉剂（WP）	原药、填料、助剂	便于包装运输	加工中有粉尘污染，浓度大时堵塞喷头

表 6-2 农药剂型飞防适应性及飞防要求

剂型	飞防适应性	飞防要求
超低容量喷雾剂	++++	可直接使用
水剂	+++	稳定性：稀释 20 倍合格
水乳剂	+++	稳定性：稀释 20 倍合格
可溶液剂	+++	稳定性：稀释 20 倍合格
微乳剂	++	稳定性：稀释 200 倍合格
悬浮剂	++	湿筛试验（75μm 试验筛）≥98%，悬浮率≥80%
可分散油悬浮剂	++	湿筛试验（75μm 试验筛）≥98%
乳油	++	稳定性：稀释 200 倍合格，水分含量≤0.5%，溶剂不能有强腐蚀性
水分散粒剂	++	悬浮率≥60%，湿润时间≤2min
可分散片剂	++	悬浮率≥60%，水分含量≤3.0%
可溶粉剂	+	细度≥80 目，湿润时间≤2min，水分含量≤3.0%，湿筛试验（75μm 试验筛）≥98%
可湿性粉剂	+	细度≥325 目，直径≤5μm，湿润时间≤2min，悬浮率≥60%
微胶囊剂	—	不适于飞防
烟剂	—	不适于飞防
颗粒剂	—	不适于飞防
粉剂	—	不适于飞防
气雾剂	—	不适于飞防
种衣剂	—	不适于飞防

第四节 农药可混性

农药的混配在生产中，往往会出现一个时期多种病虫害同时发生的情况。用无人机一次防治，解决不同的问题，省工省时。所以不同农药的混配或者农药与叶面肥的混配极为常见。农药能否混用，一是要认真阅读农药的说明书，对各种农药的性状和特点进行充分了解；二是可查阅农药混配表，以确定是否可以混用；三是混用时，可以先做混配试验，即在透明的玻璃容器中将少量的药剂进行混配，仔细观察是否出现沉淀、浮油、变色、发热等不正常现象，只要药液出现物理或化学变化，则药剂就不可进行混配；四是经过少量混配试验证明可行性，可混配少量浓度稍高的农药进行小面积田间试验或单株作物药害试验，观察试验结果未出现药害现象才可将此种混配药剂用于田间生产。

农药的混配施药，是植保工作中技术性较强的一项技术。不是所有的农药都有混配施药的必要。例如，多菌灵与甲基硫菌灵、嘧菌酯与吡唑醚菌酯、氯氰菊酯与溴氰菊酯等组合，混配后不仅不能起到协同增效的作用，还有加速抗药性产生的隐患，混配没有任何意义。所以，不同种类的农药相互混配，应起到协同的作用，起码能达到增效、互补、省时和省工等作用。农药混配原理及作用见表6-3。

表6-3　农药混配原理及作用

混配原理	实例	作用
不同作用目的的混配	吡唑醚菌酯+氯氰菊酯+亚磷酸钾镁	防病+防虫+增产
不同作用目的的混配	嘧菌酯+苯醚甲环唑	保护+治疗
不同作用目的的混配	氯氰菊酯+吡虫啉	触杀+内吸
不同作用目的的混配	氟噻唑吡乙酮+代森锰锌	协同杀菌+减少抗性
不同作用目的的混配	苯醚甲环唑+丙环唑	协同杀菌+抗倒
不同作用目的的混配	多菌灵+春雷霉素	抗真菌+抗细菌
不同毒性的混配	溴氰菊酯+毒死蜱	杀虫+降低毒性
农药与安全剂的混配	砜唑嗪草酮+赤•吲乙•芸苔	除草+降低药害
农药与叶面肥的混配	代森锰锌+叶面肥	防病+补充营养
农药与助剂的混配	啶虫脒+有机硅助剂	杀虫+增效

（一）农药混配原则

（1）农药混配一般不超过三种，以两种为宜　成分太多，不易判断出各种农药之间的相互反应，易造成不良后果。

（2）酸碱性农药不能混配　中和反应，会使两种农药同时失效。

（3）微生物农药与对其有抑制作用的杀菌剂不能混用　杀菌剂本身具有杀菌活性，对某些微生物有杀死或抑制作用。如果微生物菌剂是细菌类，防治细菌的杀菌剂就不能混用。

（4）共防类农药混配用量酌减　如用嘧菌酯与苯醚甲环唑防治早疫病，两种农药均对早疫病有效，配制后作用位点增加，用量可以各减一半。

（5）不同作用农药混配保持原量　如苯醚甲环唑与溴氰菊酯混配，因其一个是杀菌剂，另一个为杀虫剂，相互没有共性，配制时各用各的量。

（6）没有配过的农药，需事先做小剂量的混配试验　如果混配后出现结晶、分层、沉淀、变色、产生絮状物、起泡和发热等不良反应，应杜绝混配。

（7）混配后的农药应及时使用　现混现用，不可久放。

（二）农药混配顺序

农药混配的顺序，会直接影响药液的稳定性、悬浮性等指标，从而影响使用效果。混配的顺序通常为：微量元素肥、大量元素叶面肥、可湿性粉剂、水分散粒剂、悬浮剂、微乳剂、水剂和乳油。农药混配应各自用不同的容器分别稀释，然后再分别加入到药罐内。

（三）农药混用技术

1. 不同毒杀机制的农药混用

作用机制不同的农药混用，可以提高防治效果，延缓病虫产生抗药性。如有机磷杀虫剂主要是抑制神经系统乙酰胆碱酯酶活性，破坏正常的神经冲动传导。而拟除虫菊酯类杀虫剂则是使神经突触上有乙酰胆碱的积累，导致神经细胞渗透性失常，使神经传导受到抑制。因此，有机磷杀虫剂和拟除虫菊酯类杀虫剂混合应用效果较好。

2. 不同毒杀方式的农药混用

杀虫剂有触杀、胃毒、熏蒸、内吸等作用方式，杀菌剂有保护、治疗、内吸等作用方式，如果将这些具有不同防治作用的药剂混用，可以互相补充，会产生很好的防治效果。如内吸性杀菌剂与保护性杀菌剂混用，不但可以提升防治效果，而且可以延缓病菌对内吸性杀菌剂产生抗性，生产中经常将甲基硫菌灵和代森锰锌混用，效果不错。

3. 作用于不同虫态的杀虫剂混用

作用于不同虫态的杀虫剂混用可以杀灭田间的各种虫态的害虫，从而提高防治效果。特别是对于发生不整齐、具有世代交替现象的害虫具有很好的效果。如防治山楂叶螨，用杀卵作用强的噻螨酮与杀活动态螨强的联苯菊酯混用效果很好。

4. 具有不同时效的农药混用

农药有的种类速效性防治效果好，但持效期短；有的速效性防效虽差，但作用时间长。这样的农药混用，不但施药后防效好，而且还可起到长期防治的作用。

5. 与增效剂混用

增效剂对病虫虽无直接毒杀作用，但与农药混用却能提高防治效果。如增效磷、阿维菌素等。

6. 作用于不同病虫害的农药混用

几种病虫害同时发生时，采用该种方法，可以减少喷药的次数和工作时间，从而提高功效。如苹果蚜虫和炭疽病同时发生时，可以将抗蚜威和多菌灵混合喷施。

（四）农药混用注意事项

农药混用虽有很多好处，但切忌随意乱混。不合理混用不仅无益，而且会产生相反的效果。农药混用须注意以下几点。

1. 混用后药效降低的农药不能混用

许多杀虫剂和杀菌剂与碱性物质混合易分解失效或降低药效，如有机磷类、氨基甲酸酯类、拟除虫菊酯类杀虫剂和二硫化氨基甲酸衍生物杀菌剂（福美双、代森锌、代森锰锌等）农药在碱性条件下会分解，不能与碱性农药混用，这些药剂不宜与碱性的石硫合剂、波尔多液混用。但杀螨剂噻螨酮具有能与碱性药剂混用的优点。大多数有机硫杀菌剂对酸性条件比较敏感，混用时要慎重。如氨基酸铜遇酸就会分解析出铜离子，不仅降低药效，而且很容易产生药害。一些农药不能和含金属离子的药物混用，如甲基硫菌灵、二硫化氨基甲酸盐类杀菌剂等不宜与铜制剂混用。

2. 混用后容易对作物产生药害的不能混用

石硫合剂和波尔多液混用，二硫代氨基甲酸盐类杀菌剂与铜制剂混用，福美双、代森环类杀菌剂和碱性药物混用，会对作物产生严重药害，因此不能混用。

3. 具有交互抗性的农药不宜混用

如杀菌剂多菌灵、甲基硫菌灵具有交互抗性，混用不但不能延缓病菌产生抗药性，反而会加速抗药性的产生，所以不能混用。

4. 混用后物理性状发生变化的不能混用

混用农药时要注意不同成分的物理性状是否改变，混合后产生分层、絮结和沉淀、乳剂破坏、悬浮率降低甚至有结晶析出的不能混用。乳油和水剂混用时，可先配水剂药液，再用水剂药液配制乳油药液。一些酸性且含有大量无机盐的水剂农药与乳油农药混用时会有破乳现象，禁止混用。有机磷可湿性粉剂和其他可湿性粉剂混用时，悬浮率会下降，容易造成药害，不宜混用。

（五）叶面肥与农药的混用

生产中，为了提高工效，常将农药与叶面肥混合喷施，但并不是所有的肥料或农药都可以混合喷施。因各种肥料或农药性质不同，如果混配不合理会影响药效或产生药害。农药是否可以混用，在药物的说明中有简要的介绍，进行药剂混用前应该仔细阅读说明书，做到心中有数。同时，在叶面肥的使用中还要注意以下几个方面。

1. 保证叶面肥与农药混合后性状稳定

叶面肥可能与农药发生化学或物理反应，影响农药的有效性或造成药害。

多数农药适宜在中性条件下使用。因此，叶面肥与农药混用时，必须先做试验，观察其是否产生浮油、絮结、沉淀或变色、发热等现象。若药液有不良表现，则不适宜混合使用。一些种类的农药与离子态叶面肥混用时，容易产生沉淀等，影响药效，如悬浮剂、乳剂等。几丁聚糖不能与多种农药混用。药液物理性状良好，也要先进行小范围的试验，看是否容易出现药害。

2. 注意混用时叶面肥与农药加入的顺序

叶面肥与农药混用时，叶面肥与农药混合的顺序通常为：叶面肥、可湿性粉剂、悬浮剂、水剂、乳油依次加入，每加入一种即充分搅拌混匀，再加入下一种。农药混配（包括叶面肥与农药的混配）应遵循“二次稀释”原则。二次稀释是指对于每种药剂，要单独用少量水先将其稀释后按上述顺序与其他制剂混合，再补充所需的水量，最后再充分搅拌。

3. 药液现配现用

药液虽然在刚配时没有不良反应，但久置容易产生缓慢的反应，使药效丧失或易产生药害。

4. 注意配药用水

水对药液的影响很大，水的酸碱度、硬度等，都会影响效果。配药用水以硬度低的中性水为好，如干净的雨水、河水等。

（六）除草剂混配

除草剂混用是指将两种或两种以上除草剂混合在一起使用的方法。在生产中，除草剂混用极为普遍。因为，一般杂草都是多种混生在一起的。而每种除草利却有它一定的除草范围，因此使用一种除草剂难以防除多种杂草。同时，长期单用某种除草剂会使杂草群落产生变化，某些杂草受到抑制，而另一些杂草可能会从非主要地位上升为优势种或恶性杂草；此外，长期单用某种除草剂还有可能逐渐增强杂草的抗药性。因此，生产上常以两种以上的除草剂混配使用。除草剂混剂具有扩大除草谱、延长施药适期、降低作物和土壤中的残留、减轻药害、提高作物的安全性和增强除草效果等显著特点，并且使用方便。但是市场上也存在一定程度的无序性，同类混剂（配方完全相同或大同小异）过多，往往使用户无从选择。此外，也存在除草剂乱混乱配现象，往往造成除草剂药效降低，甚至导致除草剂药害严重。因此，我们应该详细地了解各种除草剂的作用特性、作用机理及除草剂混配的原则、方法等，才能更好地发挥除草剂及其混剂的作用。在土壤封闭除草剂中，加入除草剂稳定剂，既能减少药剂挥发，又能控制药剂下渗，使除草剂形成稳定的除草药层，在茎叶处理的除草剂中加入适量的渗透剂或有机硅类的表面展着剂，可促进杂草对药液的吸收、加快除草速度，对提高除草效果起到积极的辅助作用。

1. 除草剂混用原则

（1）各有效成分混配后应有增效作用（这种作用越大越好）且不增毒。禾草敌既是除草剂，又是敌稗的助剂，二者混用可以使敌稗对杂草叶面的渗透加速、作用增强。混用后如果表现出拮抗作用，则不论哪种形式、何种目的，都是不能混用的。使用除草剂的目的不仅仅是有效地防治杂草，更重要的是确保农作物的优质高产。因此除草剂混用后，在增强杂草治理的同时，还必须对作物安全，不仅对当茬作物安全，还必须对后茬作物也不产生药害，且对环境安全。

（2）混剂中各有效成分在单独使用时应对靶标有效　即混剂必须是 2 种或 3 种以上除草剂按一定比例配制而成。如果是一种除草剂与一种添加剂（乳化剂、增效剂等）配合而成则不属于除草剂混剂，而是除草剂单剂。

（3）混剂中各有效成分应具有不同的作用机制　除草剂混用的主要目的是扩大除草谱，把具有不同作用机制的除草剂混用可以提高防效。

（4）混剂中各有效成分在混配时不能发生物理和化学变化（能增效的化学变化除外）　不同除草剂混合后可能会发生一系列物理化学变化，如出现乳化性能下降、可湿性粉剂悬浮率降低等情况，从而破坏除草剂的稳定性。

（5）必须考虑作物和杂草种类是否适宜，施药的时间和处理的方法是否一致　例如，乙草胺与莠去津可以混用，因为它们的应用时期及处理方法相同。

2. 除草剂混用的注意事项

（1）在充分了解除草剂特性的基础上，根据除草所要达到的目的，选择适当的除草剂进行混用。

（2）一般情况下，混用的除草剂之间应不存在拮抗作用，在个别情况下可利用拮抗作用来提高对作物的安全性，但应保证除草剂效果。

（3）混用的除草剂之间应在物理、化学上有相容性，既不发生分层、结晶、凝聚和离析等物理现象，也不应发生化学反应。

（4）利用除草剂间的增效作用提高对杂草的活性，同时也会提高对作物的活性。所以，要注意防止对作物产生药害。

（5）除草列的混用顺序。在已加入水的罐中按推荐的顺序加入农药。每一种成分在加入下一种物质之前必须混合均匀，例如，可溶粉剂必须完全溶解后才能加入下一种成分；在每个组中，通常在加入助剂前加入农药，例如可溶粉剂农药的加入在硫酸铁之前。

3. 除草剂与杀虫剂混用

除草剂、杀虫剂混用既能够防除杂草又能防除害虫，但有些组合相对于单用却会产生药害。除草剂、杀虫剂混合应有效并且安全。表 6-4 列出了除草剂与杀虫剂不宜混合的组合。

表 6-4 除草剂与杀虫剂不宜混合的组合

除草剂	杀虫剂	原因
2,4-滴	毒死蜱	增加麦类药害
醚草酯	有机磷类	造成大麦和向日葵药害
醚草酯	乙拌磷	造成大麦药害
麦草畏	油基质的杀虫剂	增加小麦药害发生的概率
2 甲・灭草松	四溴菊酯 有机磷类	导致作物药害
精吡氟禾草灵	毒死蜱 马拉硫磷 甲萘威	降低药效
烯禾啶	甲萘威	降低药效
草甘膦	*S*-氰戊菊酯 甲萘威 联苯菊酯	对抗性作物没有拮抗，产生药害
磺酰脲类	有机磷类 毒死蜱 马拉硫磷	导致几种作物药害

4. 除草剂与杀菌剂混用

除草剂、杀菌剂混用不仅能够防除杂草，而且能够保持作物不受病原菌的侵害。在禾谷类作物中，嘧苯磺隆、咪草酯、野燕枯、精噁唑禾草灵、2 甲 4 氯可以与代森锰锌混合使用防除杂草。精噁唑禾草灵或芳氧基苯氧基丙酸类除草剂与溴苯腈、strobilurin 类杀菌剂混合使用能够提高药效。甲氧基丙烯酸酯类杀菌剂会导致小麦叶片产生严重药害，但新生的组织不受其影响。

5. 除草剂与肥料混用

除草剂与肥料混合使用能很好发挥除草剂的防除效果，但是除草剂宜与酸性液体肥料混合应用，不宜与碱性的液体肥料混合应用，除草剂、液体肥料混合要求两者搅拌均匀后才可使用。一些除草剂与液体肥料混用时，即使持续搅拌也不会得到均匀的混合物。分散性粒剂和可湿性粉剂在与肥料混用之前必须用水溶成浆状，然后再与肥料混合搅拌。如果混合物不分层，则可以应用。如果混合物分层或形成非常厚的浆状，则不能应用。

第五节　农药安全使用

农药是重要的农业生产资料，是防治农作物病虫草害的有效利器，不可或缺。但农药又是有毒有害物质，科学、合理、安全地使用农药，不仅关系到农业丰产、丰收，也关系到广大人民群众的身体健康，关系到人类赖以生存的自然环境。植保产品不同时间点安全用药见表 6-5。

表 6-5　植保产品不同时间点安全用药

不同时间点	时刻谨慎小心	阅读理解产品标签	保持良好的个人卫生习惯	穿着个人防护设备	维护和保养施药设备
购买	●	●			
运输	●	●		●	
贮存	●	●			
施药前	●	●	●	●	●
施药时	●	●	●	●	●
施药后	●	●	●	●	●
废弃物处理	●	●	●	●	

（一）确保对操作人员的安全

（1）做好施药前器械的保养检查，防止出现部件漏液和反向喷射现象。

（2）顺风喷药和单侧喷药，并按正常速度行走。

（3）穿戴防护帽、面具、防护服、手套等装备，避免人体直接接触药物。

（4）施药时不可饮食、打闹嬉戏。

（5）施药后用肥皂或沐浴液洗澡，用清水清洗药械器具与防护装备，并存放在规定的位置。

（二）确保对作物的安全

（1）选择合适的药剂及药量，不可因药剂种类选择错误或使用剂量过大对作物产生药害。

（2）选择合适的施药时间，避开露水过重或夏季高温时段施药，尽量避开作物敏感期喷洒药液。

（3）根据《农药合理使用准则》严格遵守农药安全施用间隔期。

（三）确保对环境和其他人员的安全

（1）应将农药包装等废弃物带回，集中进行无害化处理。

（2）在农药安全间隔期或可进入间隔期内，应在施药区域设立警告牌，并说明施药时间等相关信息。

（四）毒性系数

所谓农药的毒性是指农药对人、畜、禽等的毒害作用，而不是指对农作物的影响。农药可以通过呼吸道、皮肤、消化道进入到人或动物体内而致中毒，其对人或动物的毒害基本上可分为以下三种表现形式：

（1）急性中毒　一些毒性较强的农药如经误食或皮肤接触及呼吸道进入人体，在短期内可出现不同程度的中毒症状，如头晕、恶心、呕吐、抽搐、痉挛、呼吸困难、大小便失禁等，若不能及进行抢救，会有生命危险。

（2）亚急性中毒　人或动物在较长时间持续接触农药而引起的中毒现象。中毒症状往往在一定的时间后出现，表现为与急性中毒类似的症状。

（3）慢性中毒　有的农药虽然急性毒性不高，但性质比较稳定，使用后不易分解，污染了环境及食物。少量长期被人、畜摄食后，在体内不断的积累，引起内脏机能受损，阻碍正常生理代谢。

衡量农药毒性的大小，通常是以致死量（致死浓度）作为指标的。致死量是指人、畜、禽等吸入农药后可致中毒死亡的药量，一般是以每千克体重所吸收农药的质量（mg），用 mg/kg 或 mg/L 表示。表示农药急性毒性程度的指标，是以半数致死量（半数致死浓度）来表示的。半数致死量，符号是 LD_{50}，一般以小白鼠或大白鼠做试验来测定，农药的半数致死量越小，其毒性越大；剂量越大，其毒性越小。

根据农药半数致死量的大小，可将农药的毒性分为五级（表 6-6）。

表 6-6　农药毒性分级

毒性等级	级别符号语	经口半数致死量/（mg/kg）	经皮半数致死量/（mg/kg）	吸入半数致死浓度/（mg/m^3）	标志	标签上的描述
一级	剧毒	5	20	20		剧毒
二级	高毒	5～50	20～200	20～200		高度
三级	中毒	51～500	201～2000	201～2000		中毒
四级	低毒	501～5000	2001～5000	2001～5000	低毒	低毒
五级	微毒	5000 以上	5000 以上	5000 以上		微毒

（1）部分剧毒农药（LD_{50}<5mg/kg） 对硫磷（1605）、甲拌磷（3911）、久效磷、甲胺磷、治螟磷等。

（2）部分高毒农药（LD_{50}<50mg/kg） 甲基对硫磷、内吸磷（又名 1059）、杀螟威、磷胺、异丙磷、三硫磷、氧乐果、磷化锌、磷化铝、克百威、氟乙酰胺、砒霜、杀虫脒、氯化乙基汞、乙酸苯汞、噻森铜·噻菌铜、氯化苦、五氯酚、二溴氯丙烷、乙基大蒜素（又名 401）等。

（3）部分中等毒农药（LD_{50} 在 50～500mg/kg） 杀螟松、乐果、稻丰散、乙硫磷、亚胺硫磷、皮蝇磷、六六六、高丙体六六六、毒杀芬、氯丹、滴滴涕、甲萘威、害扑威、异丙威、速灭威、混灭威、抗蚜威、倍硫磷、敌敌畏、拟除虫菊酯类、克瘟散、稻瘟净、敌磺钠、乙基硫代磺酸乙酯（402）、稻脚青、福美胂、代森胺、代森环、2,4-滴、燕麦敌、毒草胺等。

（4）部分低毒农药（LD_{50}>500mg/kg） 敌百虫、马拉松、乙酰甲胺磷、辛硫磷、三氯杀螨醇、多菌灵、硫菌灵、克菌丹、代森锌、福美双、萎锈灵、异草瘟净、三乙膦酸铝、百菌清、除草醚、敌稗、莠去津、去草胺、甲草胺、禾草丹、2 甲 4 氯、绿麦隆、敌草隆、氟乐灵、灭草松、茅草枯、草甘膦等。

（5）部分微毒农药（LD_{50}>5000mg/kg） 氯虫苯甲酰胺、噻呋酰胺、吡蚜酮、氟铃脲、宁南霉素、井冈霉素、甲基硫菌灵、代森锰锌、吡唑醚菌酯、肟菌酯、赤霉素等。

（五）安全用药原则

（1）认清农药使用的范围及使用方法 每种作物的病虫害或伴生杂草均有其特效的防除药剂，正确使用农药可以增加农作物的产量并可提高品质。但误用或过量使用将发生药害或延误防治，从而遭受严重的损失，或因残毒而影响人畜健康。因此在使用农药时应详细研读每种农药的使用范围与正确的使用方法。

（2）认清农药毒性以避免中毒 多数农药具有强烈的毒性，因此应用农药防治病虫害时，必须注意使用安全。例如甲基异柳磷、水胺硫磷，在使用时就应注意其毒性，绝不直接接触药液。

（3）不乱用农药，喷药后的作物应到安全收获期采收 部分农药具有剧毒性或残留性，施用农药后如未达安全采收期便采收、食用，会严重影响人体健康。农药使用后，因其化学性的不同其分解速率不同，分解速度缓慢者则残留在作物上时间长，食用后会严重影响身体健康。在蔬菜或即将采收的作物上应该使用低毒或易分解的农药，如甲氨基阿维菌素、阿维菌素、啶虫脒、吡虫啉、除虫脲等。

（4）使用农药不要任意提高浓度或一次混合多种农药 某种农药防治某种病虫害，使用的浓度都是经过田间试验所得的结果。一般农民常在调配药液时任意提高浓度，降低加水倍数，使喷射的药液浓度过高，造成农作物农药残留超标，甚至有时会因提高浓度而发生药害。

（5）农药应放置在儿童不易接触的地方，且不可与其他物品混合存放　农药决不可放在大厅、厨房、床下，应用专柜加锁保存。

（6）施药机械如出现故障应及时维修　使用的器具应先检查有无漏水，喷口是否畅通，接口是否坚固，以免作业中发生故障，致使接触药液引起中毒。

（7）田间施药应适当休息　喷药时间每人每天最好不超过 4h，并且不要连续多日喷药。未成年人、孕妇、老人及身体较弱的人最好不要担任喷药工作。

（8）调配农药时，千万不可触及原液　大部分农药与皮肤接触后能经皮肤渗透到人体内。尤其高浓度的原液，只要少量触及皮肤，就可引起中毒。还有一些农药挥发性很强，很容易吸入其蒸气，故在调配农药时应戴手套及口罩，并用搅拌棒搅拌，千万不可用手代替。

（9）田间喷洒农药时要穿戴防护用具　药液不慎触及皮肤时应立即冲洗。在喷药中若不慎触及药液应迅速用肥皂洗净，若进入眼部应立刻用食盐水洗净（食盐 9 份，水 1000 份）冲洗干净。

（10）喷施农药应注意天气　施药现场禁烟禁食，施药完毕洗澡更衣。施药地块应禁止人畜进入，农药包装应妥善处理，农药中毒须及时抢救。

（六）农药中毒的处理

（1）经皮引起的中毒　应立即脱去被污染的衣裤，迅速用温水冲洗干净，或用肥皂水冲洗（敌百虫除外），或用 4%碳酸氢钠溶液冲洗沾药的皮肤。若眼内溅入农药，立即用生理盐水冲洗 20 次以上，然后滴入 2%可的松和 0.25%氯霉素眼药水，疼痛加剧者，可滴入 1%～2%普鲁卡因溶液。严重者送医院治疗。

（2）吸入引起的中毒　立即将中毒者带离现场到空气新鲜的地方，并解开衣领、腰带，保持呼吸畅通，除去假牙，注意保暖，严重者送医院抢救。

（3）经口引起的中毒　应及早引吐、洗胃、导泻或对症使用解毒剂。

① 引吐。引吐是排除毒物很重要的方法，主要方法有：先给中毒者喝 200～400mL 水，然后用干净的手指或筷子等刺激咽喉引起呕吐。用浓食盐水、肥皂水引吐。用中药胆矾 3g、瓜蒂 3g 碾成细末一次冲服。砷中毒时可用鲜羊血引吐。引吐必须在人的神志清醒时进行，人昏迷时绝不能采用，以免因呕吐物进入气管造成危险，呕吐物必须留下以备检查用。

② 洗胃。引吐后应尽快进行洗胃，这是减少毒物在人体内存留的有效措施。洗胃前要去除假牙，根据不同农药选用不同的洗胃液。

不同类型的农药性质不同，具体农药类型解毒方法如下。

（1）拟除虫菊酯类杀虫剂（如溴氰菊酯、高效氯氟氰菊酯、甲氰菊酯等）

① 中毒症状：此类农药是一种神经毒剂，因中毒途径不同，首发症状也不相同。

② 常规处理：皮肤污染时用肥皂水彻底清洗，口服者以2%碳酸氢钠溶液洗胃，亦可用清水洗胃，眼睛被污染者可用生理盐水冲洗。无特效解毒剂。

（2）有机氯农药（如硫丹等）

① 中毒症状：表现为神经兴奋性症状。

② 治疗处理：尽快清除尚未吸收的毒物，包括催吐、洗胃、导泻等，注意特别禁止使用油类导泻剂，使用活性炭能促使此类农药的排出。

（3）氨基甲酸酯类农药（如克百威、灭多威、异丙威等）

① 中毒症状：重度中毒时可出现肺水肿、昏迷、脑水肿及呼吸衰竭，死因多为肺水肿及呼吸衰竭。

② 急救方法：彻底清除毒物，防止毒物继续吸收，促进毒物排泄等，重症患者急送医院处置。解毒可用阿托品皮下注射，不能用解磷毒。

（4）有机磷酸酯类农药（如敌百虫、敌敌畏、三唑磷、毒死蜱等）

① 中毒症状：轻度中毒者可表现为头痛、头晕、恶心、呕吐、多汗、瞳孔缩小、视力模糊等，中度中毒者除上述症状外，尚有肌束震颤、轻度呼吸困难、共济失调、腹痛、腹泻等，重度中毒者除以上症状表现外，还出现大小便失禁、肺水肿、呼吸麻痹、昏迷、脑水肿等。

② 急救方法：脱掉被污染的衣服，彻底冲洗被污染的皮肤、黏膜、头发等，并急送医院进行抢救。解毒药物为阿托品、解磷定、氯磷定等。

第七章 助剂对飞防的影响

飞防作业喷洒时药液所处的条件与地面喷洒有很大不同，由于受高速气流影响，雾滴物理特征改变，沉积效果不佳。为解决这一问题，飞防助剂被广泛使用。飞防助剂通过降低雾滴蒸发速率、减小表面张力、改善粒径均匀性来促进雾滴沉降。飞防助剂可以提高无人机施药效果，如提高喷头雾化效果、增加雾滴沉降速率、增强抗飘移能力等，常见的飞防助剂有抗飘移剂、扩散剂、湿润剂、蒸发抑制剂、吸收剂、安全剂等。

第一节 助剂概述

农药助剂是与农药搭配使用的辅助成分，可以有效地提高农药有效成分分散度、均一度和生物活性，还能延长储存时间，便于使用。农药助剂是增强农药活性的工具，200 多年前就有种植者用焦油、糖、植物汁液组合成助剂结合波尔多液在葡萄上施用。在 19 世纪 80 年代末，肥皂和煤油组成的混合物被用来消灭虫卵，后来又被用来提高含砷杀虫剂的活性。20 世纪初，使用动物胶、酪酸钙、淀粉糊等多种物料来增强含砷杀虫剂在叶片上的黏着力的方法已经普及开来；在 30 年代出现了助剂表面张力、接触角、扩展直径、湿润度对药液性状影响的相关报道；40～50 年代，首次出现了助剂（硫酸铵）可以提高除草剂除草活性的报道；80 年代是助剂发展的盛期，此时助剂品种增加迅速，应用愈加广泛。目前，农药剂型正朝着功能化、缓释、水性化、精细化、省力化和粒状化的方向发展。基于此，农药助剂将会朝着低毒、高效、易降解、低量、对环境安全的方向发展。

农药中添加助剂，可以显著改善药液的物理性状，降低药液的表面张力，使药液与靶标接触面积更大，吸收更快；助剂中的有效成分能促进靶标对农药的吸收，加快农药在植物体内的传导速率。助剂的添加可以提高农药对病虫草害的防效，增强农药的药效，提高利用率，还能减少除草剂的用量，大大降低了作物和土壤中的农药残留。随着农药的发展，助剂因其能够提高农药活性、降低用量、提高安全性、降低残留、减少药剂对环境的污染等优点开始逐渐受到重视。

添加助剂能有效提高农药的生物活性，助剂可以通过控制喷雾药液的理化性质改善除草性能，这些重要的理化性质包括表面张力、接触角、扩展直径、湿润度、保湿性、溶解度、成膜性、黏度、扩散力和喷雾沉积类型等。

最明显的理化性质是叶子表面的湿润度。它涉及一个基本的过程，即用水混合物从固体表面置换空气。助剂在影响润湿性方面有很大的不同。例如，石油浓缩物的扩散能力很强，但速度很慢，而有机硅表面活性剂的扩散速度比水本身快 100 倍。只有当液体和表面之间的吸引力大于液体的内聚力时，喷雾液体才会湿润叶子表面，为了自发扩散，药液的表面张力必须降低。助剂的许多理化性质是相互关联的，如表面张力会影响接触角、扩展直径和湿润性等。农药助剂种类见表 7-1。

表 7-1 农药助剂种类

种类	作用	常规用量（体积分数)
表面活性剂	增加滞留和吸收	0.12%～0.25%
油类助剂	增加滞留、渗透、溶解和吸收	1%
有机硅表面活性剂	降低表面张力	0.05%～0.1%
肥类助剂	盐的拮抗	1%
糖类助剂	促进生长和提高抗病性	1%
复合型助剂	综合作用	0.05%～0.1%
防飘移沉降助剂	防飘移、增强沉降	0.03%～0.05%

（一）表面活性剂

表面活性剂一般分为四种类型：非离子型、两性离子型、阳离子型和阴离子型。阳离子型助剂在使用过程中易引发药害，所以使用得较少。阴离子表面活性剂与非离子表面活性剂通常一起混合使用，应用也最为广泛，且阴离子表面活性剂有很好的湿润、扩散等性能，可以促进除草剂的吸收，从而提高药效。除草剂中加入表面活性剂能有效降低液滴的表面张力，提高药液在叶片上的扩散性，从而扩大接触面积。

农药中表面活性剂的作用机制如下。

（1）增加药液与叶片的接触面积，缩小药液与叶片间的空气间隔，使药液在植株叶片上铺展面积更大，使药液与植物叶片间贴合得更加紧密，以便农药可以很好地吸附在叶片上，便于吸收。

（2）表面活性剂不能够溶解叶片蜡质层，而是改变叶片表皮蜡质的黏度和晶体结构，降低除草剂渗入角质层所需要的活化能，增加植物叶片对药液的吸收率。

（3）防止或延缓除草剂中沉淀结晶的形成，延长药液干燥时间，增加除草剂利用率。

（4）进入角质层后改善除草剂的溶解性，提高除草剂的吸收速度。

（5）拥有很强的湿润性能，可以延长植物对除草剂的吸收时间，使除草剂利用效果最大化。

（6）促使除草剂液滴通过气孔吸收，并在细胞间隙移动。

（二）油类助剂

除草剂助剂中油类助剂占据了主要市场，油类助剂既具有油的黏附性、渗透性和不易挥发等特性，又具有表面活性剂的特性，能明显提高除草剂渗透性、吸收率，从而提高除草剂药效。通常在天气炎热干燥且杂草叶片角质层较厚时使用油类助剂，石蜡油可以使蜡质层变光滑，使角质层破裂。这些裂缝允许亲水化合物进入，从而导致角质层膨胀，并进一步扩大表面裂缝，最终增加除草剂的渗透性。

（三）有机硅类助剂

有机硅化合物属于非离子型表面活性剂，在降低表面张力和增加液滴散布方面特别有效。来自水基溶液的喷雾对植物叶片的气孔渗透是一个复杂的过程，使用一般表面活性剂的除草剂药液不能通过气孔渗透进入叶片。但是，有机硅表面活性剂可以将药液的表面张力降低到发生气孔浸润的程度。

有机硅类表面活性剂降低药液表面张力的能力极强，可扩大药液与杂草叶片接触面积，增加了除草剂的吸收量和吸收率，还能通过一种独特的气孔渗透方式来增加除草剂的吸收。有机硅类化合物的合理使用能有效提高除草剂的利用率，增加防效，进而减少除草剂用量，是保护农田环境的利器。

（四）铵盐类助剂

茎叶处理除草剂大多呈弱酸性，铵盐可使水溶液 pH 值下降，大部分除草剂呈现亲脂性分子态，而 pH 较低的药液能够增进酸性除草剂的渗透能力，增强药液的亲脂性，使渗入角质层的分子数量增加，提高除草剂的活性。当铵盐与弱酸性除草剂形成盐时，它会中和离子电荷，增加渗透性。铵盐可有效地减少或防止喷雾溶液中的离子与除草剂反应形成不易被杂草吸收的沉淀或盐，如草甘膦可与硬水中的阳离子反应而降低活性，而硫酸铵可与草甘膦反应形成铵盐，铵盐更易被植物吸收。

（五）保湿类助剂

除草剂助剂的加入会影响药液在叶片上形成的液滴类型，从而影响除草剂的吸收量。液滴中水的含量随时间减少，当沉积物形成结晶残留物时，除非将除草剂重新溶解，否则叶片无法进一步吸收除草剂。保湿类助剂可使喷雾沉积物延长湿润和吸收时间。保湿剂可以增加除草剂在溶液中的持留时间，进而延长吸收时间。一旦除草剂沉积物变干并结晶，除草剂吸收就会减少。

（六）抗飘移助剂

抗飘移助剂通过改善除草剂药液喷雾雾滴的粒径分布，使喷雾中大粒径雾滴占比提高，减少雾滴飘移。除草剂喷雾中最易飘移的是直径小于 150μm 的雾滴，通过添加抗飘移助剂可显著提高喷雾中雾滴的直径，有效减少飘移产生的药害，提高除草剂的利用率，增加对杂草的防效。但是雾滴体积较大往往会导致药液很难持留在叶片上，雾滴在杂草叶片上出现弹跳现象，因为雾滴的动能随着直径的增大而增加，因此抗飘移助剂往往还具有降低药液表面张力、增加黏性等功能。抗飘移助剂中的有效成分可显著提高药液的均一度和稳定性，有效减少沉淀和结晶的产生，减少药液喷雾不均匀导致的药害发生。除草剂飘移受多种因素影响，包括喷雾装置、喷洒高度、除草剂和助剂、气象条件等因素，添加抗飘移助剂是最直接有效的选择。

（七）肥类助剂

研究表明，尿素和某些铵盐能够明显提高许多除草剂的生物活性，如草甘膦、灭草松、2,4-滴丁酯、烯禾啶等。硫酸铵、硝酸铵、磷酸氢二铵等无机盐可以与表面活性剂混合使用，能明显提升除草剂的活性。例如，草甘膦会与硬水中的 Ca^{2+}、Mg^{2+}发生反应，导致草甘膦的生物活性降低，无法正常发挥药效，而硫酸根可以与草甘膦中的阴离子竞争 Ca^{2+}、Mg^{2+}；铵根可以直接与草甘膦结合形成更容易被吸收的复合铵盐。

第二节 飞防专用助剂

要想取得优良的植保效果，最直接的手段就是提高作物或靶标单位面积的受药量。而在实际喷雾作业中，由于气象条件、药液体系以及作物和靶标的生理生化构成，会使药液雾滴发生飘失和流失问题。飘失主要的表现是随气流转移到非靶标区域，流失主要的表现是蒸发、冲淋、从靶标滑落等现象。

农药飘移是指施药过程中或施药后一段时间，在不受外力控制的条件下，农药雾滴或粉尘颗粒在大气中从靶标区域迁移到非靶标区域的一种物理运动。农药飘移包括蒸发飘移和随风飘移，前者是指农药在使用过程中或使用后，气态药物扩散至靶标区域周围的环境中，主要由农药有效成分与分散体系的液体物质的挥发性造成；而后者主要是指喷雾扇面中的细小雾滴随气流胁迫运动脱离靶标区域后再沉降的过程。为了取得良好的防治效果，施药者一般会加大药量以及水量，这也是我国农药利用率低下的重要原因。不必要的药液量加大，既增加了农资的亩投入又对环境造成了污染，同时对作物生长以及最终农产品的安全性都产生影响。在意识到喷雾飘移产生的危害后，大量学者开展了飘移相关研究。早期的农药及其施用方式相对简单，人们普遍认为害虫的最佳治理方式是全面覆盖，也因此产生了效率低和浪费农药的情况。对于飘移问题的关注始于对非靶标区后茬敏感作物的影响，随后研究了 2,4-滴的蒸发飘移，在这之后关注点又转移到杀虫剂的蒸发飘移以及对水体的污染问题上。目前地表水污染和水生生物保护问题受到越来越多的关注，地面飘移以及空中飘移也是当前研究的热点课题之一。

为了改变飘失和流失，一种途径是改善喷雾器具和操作条件，而另一种途径就是在药液中添加喷雾助剂，通过调整药液的理化性质来增加雾滴与靶标的撞击沉积效率，改善自然环境下的流失和飘失，从而提高单位面积的受药量。

一、国内外对飞防助剂的研究

国内外主要飞防助剂见表 7-2。

表 7-2 国内外主要飞防助剂

助剂名称	生产企业或研究单位	规格/（mL/瓶）
迪翔飞防专用助剂	东北农业大学	100
迈飞飞防专用助剂	北京广源益农化学有限责任公司	500
易滴滴飞防专用助剂	美国迈图公司	100
杰能保飞防专用助剂	安徽易驱生物科技有限公司	1000
航添飞防专用助剂	广西新启力生态科技有限公司	100
飞航宝飞防专用助剂	河北水润生物技术有限公司	100
标普飞防专用助剂	河南标普农业科技有限公司	10

1. 国外航空喷雾助剂研究现状

Helena 化学公司推出一款名为 Justified 的防飘移助剂，该产品能提高农药的性能和喷施准确性，适用于高尔夫球场、大田苗圃等。Justified 能减弱雾滴蒸发、提高雾滴沉积率和覆盖率。

Oxiteno 公司推出了一款助剂产品 SURFOM® DRT 8575，适用于田间喷雾作业，可有效防止农药雾滴飘移。喷施除草剂时添加 SURFOM® DRT 8575 可以改善雾滴粒径，避免细小雾滴形成，以免细小雾滴飘移造成周边区域的污染。同时，也可避免形成过大雾滴，以免雾滴接触作物叶片后产生滚落而无法起到除草效果。

迈图公司推出的 Silwet DRS-60 飞防助剂，能够有效降低多种农化产品喷雾中的飘移，提高农药喷雾的湿润性和扩展性，可有效减少喷雾量，降低人工成本。

2. 国内航空喷雾助剂研究现状

2005 年开始，东北农业大学陶波教授课题组便开始了农药助剂的相关研究，并研发出农药增效助剂，提高农药有效利用率，减少农药使用量。随后的几年中，陆续研发出多款农药喷雾助剂。并于 2014 年开始，着手研究除草剂飘移，同年研发除草剂防飘移剂，随后依据研发成果，开发飞防专用助剂——迪翔。该助剂由空气动力学原理与农药剂型加工技术相结合研发而成，可以明显降低飞防过程中农药的飘移、蒸发，提高农药雾滴黏着性、铺展性、渗透性，为植保无人机飞防工作提供强有力的技术支持，在行业内处于领先地位。

北京广源益农公司成功开发出具有防飘移、抗蒸发，可调节药液理化性质的飞防助剂——迈飞、迈道等，成为植保飞防作业必不可少的“伴侣”。

广西田园公司为研究飞防专用助剂成立了专项研发团队，致力于研发适用于无人机低容量喷雾的飞防专用药剂，并与多家科研单位合作，进行植保无人机田间试验。

二、飞防助剂对植保无人机喷雾雾滴分布影响

1. 飞防助剂对氟磺胺草醚雾滴分布影响

相关试验结果表明，飞防助剂均能够有效地增加氟磺胺草醚药液的沉积量、降低氟磺胺草醚药液的飘移量。由图 7-1 和图 7-2 可知，氟磺胺草醚中加入飞防助剂后，药液的沉积量显著提高、飘移量显著降低。其中，迪翔（赛飞）助剂对氟磺胺草醚药液沉积量的增加效果最强，相比未加助剂的氟磺胺草醚药液，沉积量增加 61.19%，对氟磺胺草醚药液飘移量的降低效果最强，相比未加助剂的氟磺胺草醚药液，飘移量降低 46%以上，且与其他 3 种助剂对氟磺胺草醚药液表面张力的降低效果有显著差异。添加飞防助剂后，氟磺胺草醚 300g（a.i.）/hm^2 药液的沉积量均提高 35%以上、飘移量均降低 20%以上。

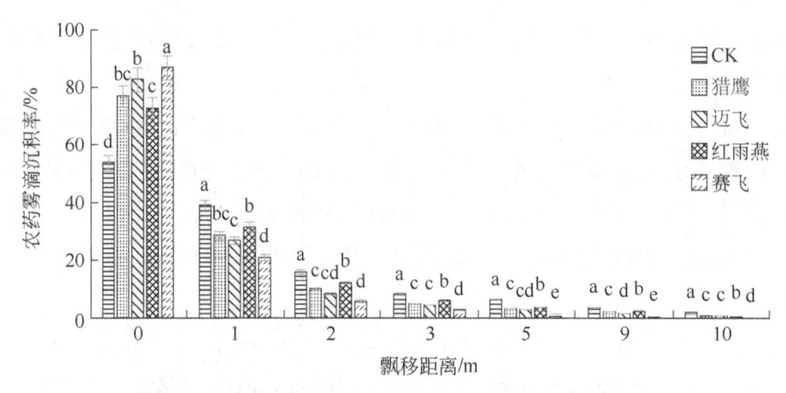

图 7-1 飞防助剂对氟磺胺草醚雾滴分布的影响

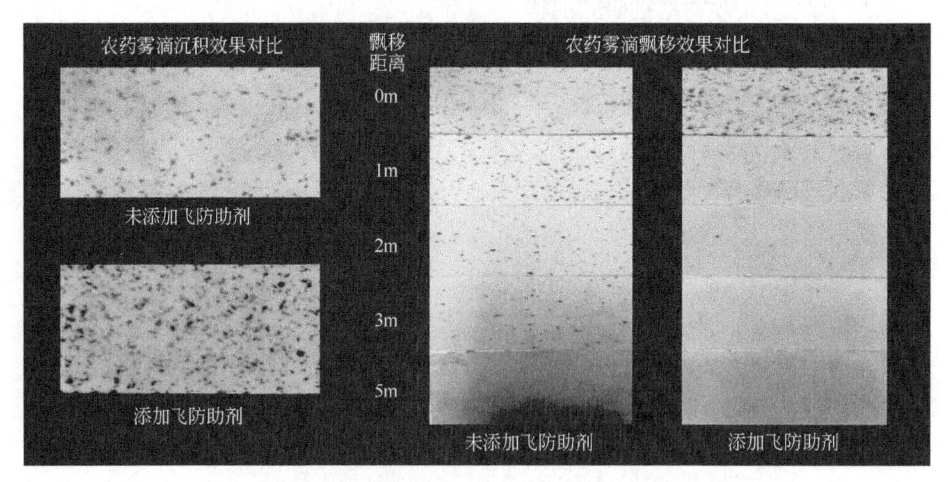

图 7-2 添加迪翔助剂对农药雾滴沉积与飘移的影响

2. 飞防助剂对农药雾滴大小影响

雾滴大小是喷雾技术中最重要的参数之一（表 7-3)。植保无人机飞防喷雾，雾滴最适范围为 101～200μm。雾滴过小，农药药液喷洒后，农药雾滴易蒸发，造成经济损失。同时由于雾滴过小，受风的影响，农药雾滴飘移严重。雾滴过大，农药雾滴落到叶片上，易造成农药雾滴滚落，造成土壤污染。

表 7-3 雾滴大小、类型及使用范围

VMD/μm	雾滴类型	使用范围
＜100	细小无敌	超低容量喷雾
100～175	小雾滴	超低容量喷雾
175～250	中等无敌	低容量喷雾
250～375	较大雾滴	高容量喷雾（常规喷雾）
350～475	大雾滴	高容量喷雾（常规喷雾）
＞450	超大雾滴	高容量喷雾（常规喷雾）

由图 7-3 可以看出，未添加助剂时，氟磺胺草醚雾滴峰值在 225～275μm 之间，雾滴占比为 38.23%。添加迪翔（赛飞）助剂后，氟磺胺草醚雾滴峰值在 125～175μm 之间，雾滴占比为 44.70%；雾滴大小在 75～225μm 之间，氟磺胺草醚雾滴占比为 93.03%，田间飞防喷雾过程中，农药雾滴大小满足要求。添加猎鹰、迈飞、红雨燕助剂后，多数氟磺胺草醚雾滴大小在 175～275μm 之间，对农药雾滴大小的改变有作用，但不理想。

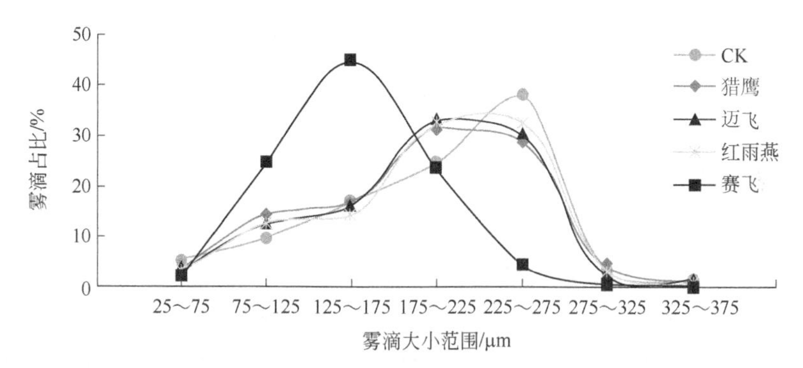

图 7-3　飞防助剂对氟磺胺草醚雾滴大小影响

三、飞防助剂增效机理研究

为探究飞防助剂对农药理化性质的改变，选择 4 款飞防助剂，通过仪器分析，探究其对农药表面张力、黏度、扩展直径、干燥时间以及最大持留量的影响，从而探究飞防助剂增效机理。

1. 飞防助剂对氟磺胺草醚表面张力影响

相关试验结果表明，飞防助剂均能够有效地降低氟磺胺草醚药液的表面张力。由表 7-4 可知，氟磺胺草醚中加入飞防助剂后，药液的表面张力显著降低，其中，迪翔助剂对氟磺胺草醚药液表面张力的降低效果最强，相比未加助剂的氟磺胺草醚药液，表面张力降低 59.82%，且与其他 3 种助剂对氟磺胺草醚药液表面张力的降低效果有显著差异。添加飞防助剂后，氟磺胺草醚药液的表面张力降低幅度均在 30%以上。

表 7-4　飞防助剂对氟磺胺草醚表面张力影响

氟磺胺草醚/[g（a.i.）/hm^2]	飞防助剂 /%	表面张力 /（mN/m）	表面张力降低率 /%
300	—	57.50a	—
300	猎鹰 0.3	34.40c	40.17
300	迈飞 1.5	29.23d	49.16
300	红雨燕 1.5	40.10b	30.26
300	迪翔 0.3	23.10e	59.82

2. 飞防助剂对氟磺胺草醚黏度影响

相关试验结果表明，飞防助剂均能够有效地提高氟磺胺草醚药液的黏度（图 7-4）。由表 7-5 可知，氟磺胺草醚中加入飞防助剂后，药液的黏度显著提高。其中，迪翔助剂对氟磺胺草醚药液黏度的增加效果最强，相比未加助剂的氟磺胺草醚药液，黏度增加 69.28%，且与其他 3 种助剂对氟磺胺草醚药液黏度的增强效果有显著差异。添加飞防助剂后，氟磺胺草醚药液的黏度增加幅度均在 15%以上。

表 7-5 飞防助剂对氟磺胺草醚黏度影响

氟磺胺草醚/[g（a.i.）/hm^2]	飞防助剂 /%	黏度 /（mPa / s）	黏度增加率 /%
300	—	4.33d	—
300	猎鹰 0.3	5.00cd	15.47
300	迈飞 1.5	6.33ab	46.19
300	红雨燕 1.5	5.67bc	30.95
300	迪翔 0.3	7.33a	69.28

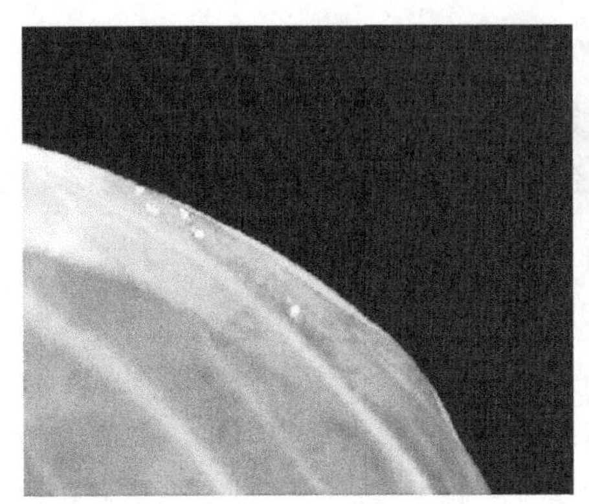
加飞防助剂，雾滴黏着叶片表面

未加飞防助剂，雾滴易弹跳

图 7-4 迪翔助剂对农药液滴黏度的影响

3. 飞防助剂对氟磺胺草醚扩展直径的影响

试验结果表明，飞防助剂均能够有效地提高氟磺胺草醚药液的扩展直径。由表 7-6 可知，氟磺胺草醚中加入飞防助剂后，药液的扩展直径显著提高。其中，迪翔助剂对氟磺胺草醚药液扩展直径的增加效果最强，相比未加助剂的氟磺胺草醚药液，扩展直径增加 62.41%，且与其他 3 种助剂对氟磺胺草醚药液扩展直径的提高效果有显著差异。添加飞防助剂后，氟磺胺草醚药液的扩展直径增加幅度均在 16%以上。

表 7-6　飞防助剂对氟磺胺草醚扩展直径的影响

氟磺胺草醚/[g（a.i.）/hm^2]	飞防助剂/%	扩展直径/mm	扩展直径增加率/%
300	—	7.90d	—
300	猎鹰 0.3	10.70b	35.44
300	迈飞 1.5	11.33b	43.41
300	红雨燕 1.5	9.17c	16.08
300	迪翔 0.3	12.83a	62.41

4. 飞防助剂对氟磺胺草醚干燥时间的影响

相关试验结果表明，飞防助剂能够有效地降低氟磺胺草醚药液的干燥时间。由表 7-7 可知，氟磺胺草醚中加入飞防助剂后，药液的干燥时间显著降低。其中，迪翔助剂对氟磺胺草醚药液干燥时间的降低效果最强，相比未加助剂的氟磺胺草醚药液，干燥时间降低 61.31%，且与其他 3 种助剂对氟磺胺草醚药液干燥时间的降低效果有显著差异。添加飞防助剂后，氟磺胺草醚药液的干燥时间降低幅度均在 24%以上。

表 7-7　飞防助剂对氟磺胺草醚干燥时间的影响

氟磺胺草醚/[g（a.i.）/hm^2]	飞防助剂/%	干燥时间/min	干燥时间降低率/%
300	—	35.33a	—
300	猎鹰 0.3	18.33c	48.18
300	迈飞 1.5	24.33b	31.14
300	红雨燕 1.5	26.67b	24.51
300	迪翔 0.3	13.67d	61.31

5. 飞防助剂对氟磺胺草醚最大持留量的影响

相关试验结果表明，飞防助剂能够有效地提高氟磺胺草醚药液的最大持留量。由表 7-8 可知，氟磺胺草醚中加入飞防助剂后，药液的最大持留量显著提高，其中，迪翔助剂对氟磺胺草醚药液最大持留量的增加效果最强，相比未加助剂的氟磺胺草醚药液，最大持留量提高 79.59%，与猎鹰飞防助剂、红雨燕飞防助剂对氟磺胺草醚药液最大持留量的增强效果有显著差异，与迈飞对氟磺胺草醚药液最大持留量的增强效果无显著差异，但是，迈飞助剂用量为迪翔助剂用量 5 倍。添加飞防助剂后，氟磺胺草醚药液的最大持留量增加幅度均在 50%以上。

表 7-8　飞防助剂对氟磺胺草醚最大持留量的影响

氟磺胺草醚/[g（a.i.）/hm^2]	飞防助剂/%	最大持留量/(mg / cm)	最大持留量增加率/%
300	—	23.57d	—
300	猎鹰 0.3	38.50b	63.34
300	迈飞 1.5	41.70a	76.92
300	红雨燕 1.5	35.37c	50.06
300	迪翔 0.3	42.33a	79.59

通过试验结果可以发现药液理化性质和生物活性的变化与药效间存在着某些相关性，与鲁梅研究结果相一致。飞防助剂能够降低除草剂药液的表面张力、增加黏度、增加扩展直径、缩短干燥时间、增加药液在杂草叶片表面的最大持留量，其中，迪翔助剂增强效果最显著。刘支前曾报道扩展性与药效似乎无直接关系，而本研究中扩展直径与除草剂的生物活性成正相关。通过本研究可以说明，加入飞防助剂能有效地提高除草剂氟磺胺草醚的生物活性。除草剂活性能否充分发挥药效，往往取决于药液雾滴在杂草叶片上的黏着、湿润、扩展、渗透与传导。不同杂草的叶片结构及生理机制往往对药液敏感性不同，本研究采用阔叶杂草苘麻进行对新型生物助剂增效机理的探究，而不同类型的杂草对药液的物理性状和药液敏感性仍需要进一步研究。

在氟磺胺草醚药液中添加迪翔助剂能够显著提高苘麻叶片对氟磺胺草醚的吸收。通过试验发现，添加迪翔助剂后，氟磺胺草醚药液表面张力降低 59.82%、黏度增加 69.28%、扩展直径增加 62.41%、干燥时间降低 61.31%、最大持留量增加 79.59%。

第三节　土壤成膜助剂

近年来，通过研究发现，植保无人机也可应用于土壤封闭处理，相比于茎叶处理，利用植保无人机进行封闭处理，安全性更高。但是由于无人机载药量有限，土壤处理需在墒情好的条件下进行，并添加土壤成膜助剂，有助于除草剂接触到土壤后，在土壤表面形成一层药膜，防止农药挥发的同时，改善除草剂在土壤中的淋溶渗透分散性，使除草剂在土壤中分布更加均匀，提高药效。土壤成膜助剂作用机制见图 7-5。

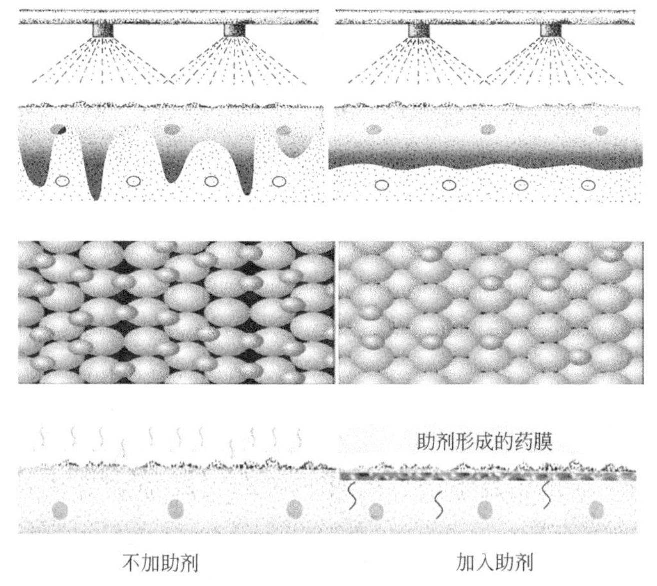

图 7-5　土壤成膜助剂作用机制

一、土壤成膜助剂的增效机制

温度、降雨、土壤黏度、土壤有机质含量等因素的变化均会影响除草剂在土壤中的行为特性，土壤对除草剂的吸附值会随着 pH 值的增加而降低，如环境条件变化会显著影响硝磺草酮在土壤中的吸附淋溶及降解。若土壤吸附除草剂能力过高、除草剂在土壤中淋溶深度过深、药剂挥发量过高，其生物活性会被减弱很多。只有存在于土壤溶液中的除草剂才是生物可利用的，这些变化正是除草剂药效发挥的限制因素。

土壤成膜助剂能够显著降低玉米田茎叶处理除草剂莠去津药液的表面张力、增加药液的扩展直径及黏度、缩短药液的干燥时间，且土壤成膜助剂的添加量越高，增效幅度越大。

二、土壤成膜助剂对农药在土壤中挥发、淋溶的影响

1. 土壤成膜助剂在不同土壤含水量条件下对噻吩磺隆挥发的影响

土壤成膜助剂对噻吩磺隆挥发量的影响见图 7-6。

如图 7-6 所示，从整体上看，土壤含水量升高，土壤中噻吩磺隆的挥发量急剧增加。在不同含水量条件下添加土壤成膜助剂后，可以显著降低噻吩磺隆的挥发量，在同一土壤含水量条件下，随着助剂浓度的增加，噻吩磺隆挥发量下降的幅度变大。土壤含水量为 20%时，与未加入助剂的药剂处理相比，添加土壤成膜助剂

浓度分别为 0.1%、0.3%、0.5%的各处理的噻吩磺隆挥发浓度分别降低了 5.23mg/L、9.23mg/L、13.55mg/L；土壤含水量为 30%时，与未加入助剂的药剂处理相比，各助剂处理的噻吩磺隆挥发浓度则分别降低了 6.21mg/L、11.07mg/L、13.73mg/L；土壤含水量为 40%时，各助剂处理的药剂挥发浓度则分别降低了 4.99mg/L、9.97mg/L、14.23mg/L。相同土壤含水量条件下各处理的挥发量之间差异性显著。

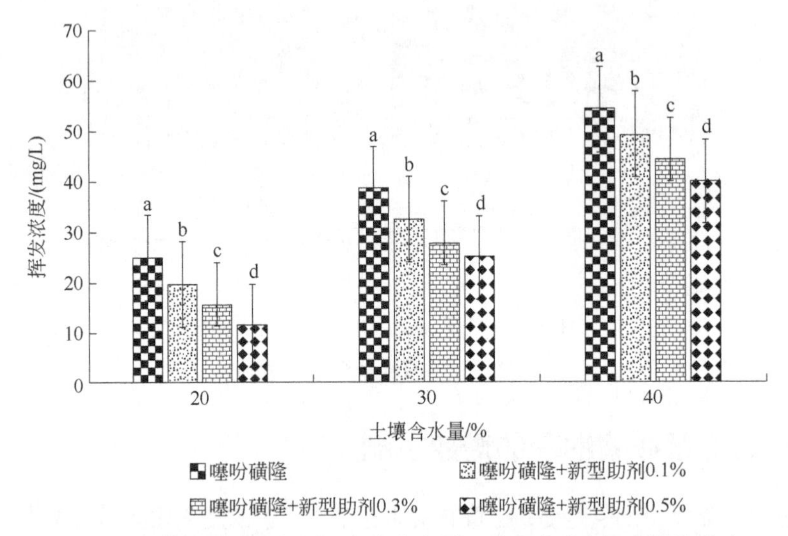

图 7-6　土壤成膜助剂在不同土壤含水量下对噻吩磺隆挥发量的影响

2. 土壤成膜助剂在不同土壤含水量条件下对土壤吸附噻吩磺隆的影响

土壤成膜助剂对土壤吸附噻吩磺隆的影响见图 7-7。

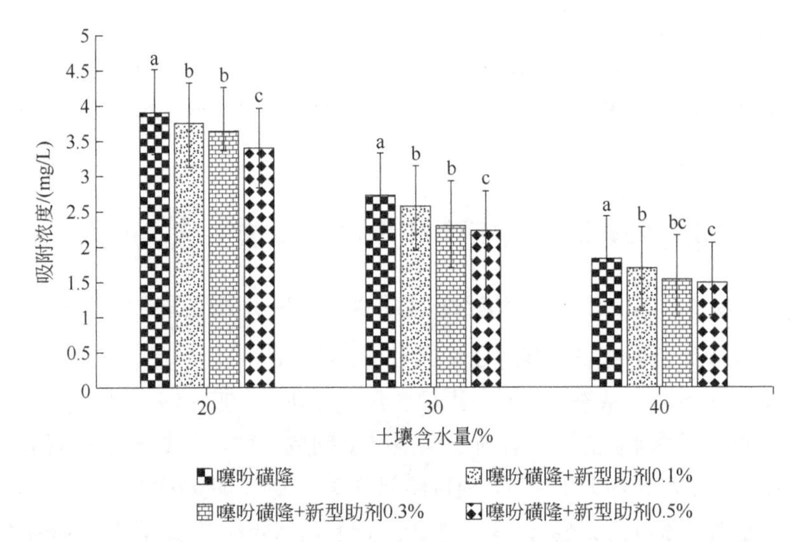

图 7-7　土壤成膜助剂在不同土壤含水量条件下对噻吩磺隆吸附特性的影响

如图 7-7 所示，土壤吸附噻吩磺隆的能力随着土壤含水量的升高逐渐减弱。在不同含水量条件下添加土壤成膜助剂后均可以降低土壤对噻吩磺隆的吸附作用，且助剂浓度越高，土壤的吸附噻吩磺隆的能力越弱。土壤为含水量 20%，添加土壤成膜助剂浓度分别为 0.1%、0.3%、0.5%的各处理与未加入助剂的药剂处理相比，噻吩磺隆吸附浓度分别降低了 0.19mg/L、0.28mg/L、0.49mg/L；土壤含水量为 30%时，与未加入助剂的药剂处理相比，各助剂处理的噻吩磺隆吸附浓度分别降低了 0.17mg/L、0.41mg/L、0.49mg/L；土壤含水量为 40%时，各助剂处理的噻吩磺隆吸附浓度则分别降低了 0.14mg/L、0.28mg/L、0.34mg/L。相同土壤含水量条件下各处理的吸附值之间差异性显著。

第八章 飞防作业案例

第一节 病害防治应用案例

（一）实施方案

本节为应用植保无人机进行马铃薯晚疫病防治的试验案例。地点为黑龙江省哈尔滨市双城区永胜乡胜强村盛源家庭农场，作业面积 35 亩，共分三次进行处理，时间分别为 2021 年 6 月 24 日、7 月 9 日、7 月 28 日，天气均为晴天，施药后 3h 以内未下雨，风速小于 1m/s。使用植保无人机型号：大疆 T16。作业参数：飞行速度 4m/s，飞行高度 2.2～2.4m，作业喷幅 5m，亩喷液量 1.5L。所用药剂：80%代森锰锌可湿性粉剂，80%烯酰吗啉水分散粒剂，46%氢氧化铜水分散粒剂，100g/L 氰霜唑悬浮剂，80%代森锌可湿性粉剂，25%咪鲜胺乳油，7%吡唑醚菌酯・氰霜唑纳米农药。农药助剂：迪翔。

本应用案例具体实施方案如表 8-1～表 8-3 所示。

表 8-1 应用无人机施药防治马铃薯晚疫病示范处理（第 1 次）

处理	面积/亩	药剂	制剂亩用量/mL	助剂/mL	施药机械	亩喷液量/L
1	15	80%代森锰锌可湿性粉剂+80%烯酰吗啉水分散粒剂+46%氢氧化铜水分散粒剂	100+40+50	5	地面机械	20

续表

处理	面积/亩	药剂	制剂亩用量/mL	助剂/mL	施药机械	亩喷液量/L
2	5	46%氢氧化铜水分散粒剂	25	—	无人机	1.5
3	5	46%氢氧化铜水分散粒剂	20	5	无人机	1.5
4	50m^2	空白对照区	—			

表 8-2 应用无人机施药防治马铃薯晚疫病示范处理（第 2 次）

处理	面积/亩	药剂	制剂亩用量/mL	助剂/mL	施药机械	亩喷液量/L
1	15	100g/L 氰霜唑悬浮剂	50	—	地面机械	15
2	5	100g/L 氰霜唑悬浮剂	40	—	无人机	1.5
3	5	100g/L 氰霜唑悬浮剂	32	5	无人机	1.5
4	50m^2	空白对照区	—			

表 8-3 应用无人机施药防治马铃薯晚疫病示范处理（第 3 次）

处理	面积/亩	药剂	制剂亩用量/mL	助剂/mL	施药机械	亩喷液量/L
1	15	80%代森锌可湿性粉剂+25%咪鲜胺乳油	100+100	—	地面机械	15
2	5	7%吡唑醚菌酯・氰霜唑纳米农药	200	—	无人机	1.5
3	5	7%吡唑醚菌酯・氰霜唑纳米农药	200	5	无人机	1.5
4	50m^2	空白对照区	—			

（二）调查结果与分析

各处理应用的试验药剂对马铃薯安全。防治效果见表 8-4、表 8-5。

表 8-4 马铃薯晚疫病防治效果调查汇总表

处理	第 1 次施药病情指数	第 2 次施药病情指数	防治效果/%	第 2 次施药（药后 5 天）病情指数	防治效果/%	第 3 次施药（药后 9 天）病情指数	防治效果/%	平均防效/%
1	0	0.08	68	0.18	51.35	0.661	74.90	64.75
2	0	0.10	60	0.17	54.05	0.496	81.16	65.07
3	0	0.04	84	0.13	64.85	1.110	57.84	68.90
4	0	0.25	—	0.37	—	2.633	—	—

表 8-5 马铃薯薯块和病薯块防治效果调查表

处理	薯块数				病薯块数	防治效果/%
	大薯块数	中薯块数	小薯块数	合计		
1	24.4	9.4	16.4	50.2	18	64.14
2	11	11.8	20.4	43.2	6	86.11
3	14.2	8.4	18.4	41.0	10	75.61
4	12.4	13.2	20.2	45.8	19	—

在天气晴朗、风速小于 1m/s 的情况下，应用植保无人机（型号：大疆 T16。作业参数：飞行速度 4m/s，飞行高度 2.2～2.4m，作业喷幅 5m，亩喷液量 1.5L）喷施杀虫剂混用农药助剂迪翔可有效防治马铃薯晚疫病，对晚疫病有较好的防治效果。该项技术可以有效避免雨后地面施药机械难以进入田间施药的问题，可以减施化学药剂 4 次，减药 50%以上，降低药剂和田间作业成本，减少环境污染，对马铃薯和周围环境安全。

第二节 虫害防治应用案例

（一）实施方案

本案例为应用植保无人机防治水稻潜叶蝇的案例。地点为黑龙江省哈尔滨市通河县柞树岗农民水稻专业合作社。6 月 5 日田间水稻潜叶蝇幼虫为害初期，应用植保无人机施药一次。施药时天气晴朗，无风，施药后 5h 内无雨。施药植保无人机为极飞 P30 植保无人机，亩喷液量 1L，喷幅 3.5m，飞行高度距离水稻冠层 1.5m，飞行速度 4m/s。试验药剂：2.5%噻虫嗪超低容量液剂、25%噻虫嗪悬浮剂。飞防专用助剂：迪翔。

试验设 5 个处理，每个自然池子为一个处理，不设重复，随机排列。详见表 8-6。

表 8-6 应用无人机喷施纳米农药防治水稻潜叶蝇试验处理表

处理	药剂	用药量/（mL/亩）		处理面积/亩
		制剂	助剂	
1	25%噻虫嗪悬浮剂	6	—	0.87
2	2.5%噻虫嗪超低容量液剂	48	—	0.68
3	2.5%噻虫嗪超低容量液剂	42	—	3.1
4	2.5%噻虫嗪超低容量液剂	30	10	4.47
5	空白对照	—	—	—

（二）调查结果与分析

施药后 8 天目测各处理对水稻生长情况正常。调查结果见表 8-7。

表 8-7　试验各处理调查结果

处理	施药前百株虫数/头	施药后 8 天		
		百株虫数/头	减退率/%	防效/%
1	50	13	74.0	63.4
2	35	4	88.6	83.9
3	34	3	91.2	87.6
4	32	3	90.6	84.8
5	21	15	28.6	

在防治水稻潜叶蝇时，除了带药下田之外，后期水稻潜叶蝇发生为害时，可以应用无人机喷施纳米农药防治水稻潜叶蝇。可适量添加飞防助剂，能够有效降低杀虫剂使用量，并提高药效。作业时要求天气晴朗、无风。

第三节　草害防治应用案例

一、植保无人机水稻田封闭处理应用案例

（一）实施方案

本案例为水稻田封闭处理应用案例。田间杂草主要有稗草、水葱、野慈姑、雨久花等，水稻处于 3～5 叶期，杂草普遍处于 2～4 叶期。试验地点为黑龙江省哈尔滨市阿城区亚沟街道岳吉村，面积 32 亩。天气晴，无风。施药器械为韦加 3WWDZ-20 型植保无人机，飞行高度为距水稻冠层 2m，飞行速度 3.5m/s，作业喷幅 6m，亩喷液量 1.6L。施用药剂：22%、19%氟酮磺草胺乳油、33%嗪吡嘧磺隆水分散粒剂、2%双唑草腈颗粒剂。助剂：迪翔、迪增。具体实施方案如表 8-8 所示。

表 8-8　植保无人机水田插后封闭除草试验处理表

处理	药剂及用量/（mL/亩或 g/亩）	作业面积/亩	亩喷液量/L	速度/（m/s）	作业喷幅/m
1	氟酮磺草胺 15+迪增 0.3%+迪翔 0.3%	0.5	1.6	3.5	6
2	嗪吡嘧磺隆 20+迪增 0.3%+迪翔 0.3%	0.5	1.6	3.5	6

续表

处理	药剂及用量/（mL/亩或 g/亩）	作业面积/亩	亩喷液量/L	速度/（m/s）	作业喷幅/m
3	双唑草腈 350+迪增 0.3%+迪翔 0.3%	1.5	1.6	3.5	6
4	氟酮磺草胺 20+迪增 0.3%+迪翔 0.3%	2	1.6	3.5	6
5	氟酮磺草胺 12+迪增 0.3%+迪翔 0.3%	1.5	1.6	3.5	6
6	苯苄 80+丁草胺 60+迪增 0.3%+迪翔 0.3%	2	1.6	3.5	6
CK	—	$30m^2$	—	—	—

于水稻移栽前 4 天选用 12%噁草酮 250mL+50%丙草胺 60mL 进行土壤封闭，水稻移栽后 6 月 2 日二封进行土壤封闭时，田间基本没有杂草发生。

（二）调查结果与分析

植保无人机水稻移栽后封闭除草防效调查结果与分析见表 8-9～表 8-12。

表 8-9　植保无人机水田封闭除草试验防效调查表（株数，施药后 20 天）

处理	稗草		雨久花		野慈姑		扁秆藨草		萤蔺	
	株数	防效/%	株数	防效/%	株数	防效/%	株数	防效/%	株数	防效/%
1	0.2	96.4	0.6	78.6	0.6	85.7	4.2	0.0	0.8	55.6
2	0.2	96.4	0.0	100.0	1.2	71.4	0.6	82.4	0.0	100.0
3	0	100.0	0.0	100.0	0.2	95.2	0.0	100.0	0.0	100.0
4	0.2	96.4	0.2	92.9	0.6	85.7	0.6	82.4	0.2	88.9
5	0.2	96.4	0.6	78.6	1.2	71.4	0.0	100.0	0.6	66.7
6	0	100.0	0.0	100.0	1.2	71.4	3.6	0.0	0.0	100.0
对照	5.6	0.0	2.8	0.0	4.2	0.0	3.4	0.0	1.8	0.0

表 8-10　植保无人机水田封闭除草试验防效调查表（株数，施药后 40 天）

处理	稗草		雨久花		野慈姑		扁秆藨草		萤蔺	
	株数	防效/%	株数	防效/%	株数	防效/%	株数	防效/%	株数	防效/%
1	0.6	94.0	0.6	87.5	0.6	90.6	5.6	24.3	0.8	85.7
2	1.2	88.0	0.0	100.0	1.2	81.3	1.8	75.7	0.2	96.4
3	0.0	100.0	0.0	100.0	0.4	93.8	0.0	100.0	1.6	71.4
4	0.4	96.0	0.2	95.8	1.0	84.4	0.6	91.9	0.4	92.9
5	0.8	92.0	0.6	87.5	1.2	81.3	0.0	100.0	0.6	89.3
6	0.0	100.0	0.0	100.0	3.4	46.9	5.6	24.3	2.6	53.6
对照	10	0.0	4.8	0.0	6.4	0.0	7.4	0.0	5.6	0.0

表 8-11 植保无人机水田移栽后封闭除草试验防效调查表（鲜重，施药后 40 天）

处理	稗草		雨久花		野慈姑		扁秆藨草		萤蔺	
	鲜重/g	防效/%	鲜重/g	防效/%	鲜重/g	防效/%	鲜重/g	防效/%	鲜重/g	防效/%
1	1.8	99.2	3.2	91.4	38.8	88.3	35.2	50.6	3.8	86.6
2	3.2	98.5	0.0	100.0	53.4	83.9	4.2	94.1	1.0	96.5
3	0.0	100.0	0.0	100.0	12.2	96.3	0.0	100	5.8	79.6
4	1.2	99.4	0.6	98.4	31.2	90.6	2.4	96.6	2.0	93.0
5	2.4	98.9	1.0	97.3	65.0	80.4	0.0	100	3.4	88.0
6	1.1	99.5	0.0	100.0	99.2	70.0	20.2	71.6	7.2	74.6
对照	218.0	0.0	37.2	0.0	330.8	0.0	71.2	0.0	28.4	0.0

表 8-12 总防效调查表

处理	施药后 20 天		施药后 40 天			
	株数	防效/%	株数	防效/%	鲜重/g	防效/%
1	6.4	64.0	8.2	76.0	82.8	87.9
2	2.0	88.8	4.4	87.1	61.8	91.0
3	0.2	98.9	2.0	94.2	18.0	97.4
4	1.8	89.9	2.6	92.4	37.4	94.5
5	2.6	85.4	3.6	89.5	71.8	89.5
6	4.8	73.0	11.6	66.1	127.7	81.4
对照	17.8	0.0	34.2	0.0	685.6	0.0

（1）经过验证，利用植保无人机进行水稻田封闭处理，可以达到理想除草效果。考虑到施用封闭除草剂时，田间无农作物且春季风速偏大，应适当降低植保无人机作业高度，建议飞行高度 1.5～2m。同时，为提高封闭除草剂扩散性，应加大亩喷药量，建议亩喷药量 1.5～2L，并添加水田扩散沉降助剂，提高除草剂在水层表面扩散性及在水田中的沉降。

（2）水稻移栽前 3～5 天亩用 12%噁草酮乳油 250mL+50%丙草胺乳油 60mL 封闭，一封后 10～15 天施用 2%双唑草腈颗粒剂 350mL/亩或 19%氟酮磺草胺乳油 20mL/亩或 33%嗪吡嘧磺隆水分散粒剂 20g/亩+助剂（迪增 0.3%+迪翔 0.3%）二次封闭，对稗草、雨久花、野慈姑、扁秆藨草防效良好，对萤蔺也有一定的抑制作用。

（3）水稻移栽前 3～5 天亩用 12%噁草酮乳油 250mL+50%丙草胺乳油 60mL 封闭，一封后 10～15 天亩施用 19%氟酮磺草胺乳油 12～15mL/亩+助剂同上二次封闭，施药后 40 天对稗草防效低于 85%，达不到商业防治的效果，该剂量不适合用无人机飞防。施药后对水稻叶片形成可恢复褪绿花斑，总体安全性较好。

（4）水稻移栽前 3～5 天亩用 12%噁草酮乳油 250mL+50%丙草胺乳油 60mL

封闭，一封后10～15天亩施用53%苄嘧苯噻酰可湿性粉剂80g/亩+60%丁草胺乳油60mL对稗草、雨久花、野慈姑、扁秆藨草防效较差，施药后40天总鲜重防效81.4%。对水稻叶片形成大面积灼伤，安全性不稳定，不适合采用无人机飞防。

二、植保无人机水稻田茎叶除草应用案例

（一）实施方案

本案例为水稻田茎叶除草应用案例。田间杂草主要有稗草、水葱、野慈姑、雨久花等，水稻处于3～5叶期，杂草处于2～4叶期。试验地点为黑龙江省哈尔滨市阿城区亚沟街道岳吉村，面积32亩。天气晴，风速低于3m/s，温度不高于27℃。施药器械为韦加3WWDZ-20型植保无人机，飞行高度为距水稻冠层2m，飞行速度4m/s，作业喷幅6m，亩喷液量1L。水田苗后除草剂：3%氯氟吡啶酯、苯·二甲（谷欢）、5%嘧啶肟草醚乳油、2.5%五氟磺草胺。助剂：迪翔。

具有实施方案见表8-13。

表8-13 植保无人机水稻田苗后茎叶除草试验处理表

处理	药剂及用量	作业面积/亩	亩喷液量/L	速度/（m/s）	作业喷幅/m
1	氯氟吡啶酯 40mL/亩	2	1	4	6
2	氯氟吡啶酯 40mL/亩	1.5	1	4	3.5
3	嘧啶肟草醚50mL/亩+五氟磺草胺50mL/亩	1	1	4	6
4	谷欢150mL/亩	2	1	4	6
5	灵斯科·金60mL/亩+满舟稻+250mL/亩	3	1	4	6
6	灭草松200mL/亩+2甲4氯10g/亩	2	1	4	6
对照		30m^2			

（二）调查结果与分析

植保无人机水稻田苗后茎叶除草药效调查结果与分析见表8-14、表8-15。

表8-14 植保无人机水稻田移栽后茎叶喷雾除草试验防效调查表（株数，施药后30天）

处理	稗草		雨久花		野慈姑		萤蔺		总防效	
	株数	防效/%	株数	防效/%	株数	防效/%	株数	防效/%	株数	防效/%
1	1.2	90.9	0.0	100.0	0.0	100.0	0.6	96.5	1.2	90.9
2	1.6	87.9	0.8	94.9	1.0	86.1	0.0	100.0	1.6	87.9

续表

处理	稗草		雨久花		野慈姑		萤蔺		总防效	
	株数	防效/%	株数	防效/%	株数	防效/%	株数	防效/%	株数	防效/%
3	1.6	87.9	0.4	97.5	0.4	94.4	0.0	100.0	1.6	87.9
4	1.8	86.4	0.0	100.0	0.4	94.4	0.0	100.0	1.8	86.4
5	0.0	100.0	0.0	100.0	0.0	100.0	9.6	44.2	9.6	82.0
6	2.4	81.8	0.6	96.2	1.0	86.1	0.2	98.8	2.4	81.8
对照	13.2		15.8		7.2		17.2		13.2	

表 8-15　植保无人机水稻田移栽后茎叶喷雾除草试验防效调查表（鲜重，施药后 30 天）

处理	稗草		雨久花		野慈姑		萤蔺		总防效	
	鲜重/g	防效/%	鲜重/g	防效/%	鲜重/g	防效/%	鲜重/g	防效/%	鲜重/g	防效/%
1	9.6	94.9	0.0	100.0	0.0	100.0	2.48	97.4	9.6	94.9
2	12.5	93.4	4.2	93.2	1.94	99.5	0.0	100.0	12.5	93.4
3	16.9	91.2	2.6	95.8	4.12	99.0	0.0	100.0	16.9	91.2
4	55.6	70.8	0.0	100.0	7.32	98.2	0.0	100.0	55.6	70.8
5	0.0	100.0	0.0	100.0	0.0	100.0	62.8	34.0	62.8	91.7
6	24.1	87.3	1.5	97.6	9.48	97.7	1.08	98.9	24.1	87.3
对照	190.6		61.9		408.86		95.2		190.6	

经过验证，利用植保无人机进行水稻田茎叶除草可以达到理想除草效果。由于水稻茎秆强度有限，植保无人机飞行高度不宜过低，应保持在 2m 以上（距冠层），飞行速度应控制在 4～6m/s，同时严禁在水稻上方悬停超过 5s，避免无人机旋翼风场造成水稻倒伏。植保无人机亩喷液量建议设置为 0.8～1L。

水稻前期封闭除草的基础上，移栽后 15～20 天施药采用氯氟吡啶酯茎叶喷雾，施药后 15 天对雨久花、野慈姑防效都比较理想，施药后 30 天田间可见雨久花及野慈姑新生苗，防效略有下降；嘧啶肟草醚+五氟磺草胺处理，对水稻移栽田稗草、雨久花、野慈姑防效比较理想；谷欢处理区对雨久花、野慈姑、萤蔺效果比较理想，灵斯科·金+满舟稻对稗草、雨久花、野慈姑防效理想，但对萤蔺防效较低。灭草松+2 甲 4 氯对雨久花、野慈姑、萤蔺效果比较理想，对稗草防效较差。

三、玉米田应用植保无人机茎叶处理防除杂草试验

（一）试验目的

目前部分硝磺·莠去津混剂以及烟嘧·硝磺·莠去津混剂在正常剂量或低剂量时对杂草防除效果一般，容易产生抗药性。本试验通过不同助剂和除草剂的混用以及应用新型无人机喷雾方式，以期达到增加除草效果的同时降低除草剂用量、

提高药剂安全性、降低成本等目的。

（二）试验药剂

4%烟嘧磺隆可分散油悬浮剂、15%硝磺草酮可分散油悬浮剂、90%莠去津水分散粒剂，市场自购。

飞防助剂：迪翔，东北农业大学提供。

（三）防除对象

禾本科杂草：狗尾草、稗草等。

阔叶科杂草：藜、苘麻、苍耳、小旋花、苋菜、龙葵。

（四）试验设计与安排

试验设 5 个处理，不设重复。除空白对照外，每个处理面积 333.3m^2，空白对照约 33.3m^2。详见表 8-16。

表 8-16　玉米田应用植保无人机茎叶处理防除杂草试验处理

处理编号	除草剂	用量 /[g（a.i.）/hm^2]	助剂	用量	喷液量
1	烟嘧+硝磺+莠去津	60+60+700	—	—	1L/亩
2	烟嘧+硝磺+莠去津	80+80+900	—	—	1L/亩
3	烟嘧+硝磺+莠去津	60+60+700	飞防助剂	0.4%	1L/亩
4	烟嘧+硝磺+莠去津	80+80+900	飞防助剂	0.4%	1L/亩
5	空白对照				

试验地点为黑龙江省哈尔滨市双城区农业技术推广中心试验地。试验地土壤为碳酸盐草甸黑钙土，土壤 pH 值 7.4，试验地肥力中等，有机质含量 4.55%。试验作物：玉米。品种：农华 106。5 月 4 日播种，亩播种量 1.85kg，垄作，播深 4cm，行距 67.5cm，试验地前茬为玉米茬。施用 28%氮磷钾复合肥 50kg/亩。5 月 20 日出苗，5 月 23 日调查，出苗率达到 95%。

（五）施药方式

5 月 31 日施药（玉米出苗后 3 叶期）茎叶处理一次。下午施药，施药时 2 级风，阴晴交替。

采用新型天农 M6E 无人机，扇形喷头，茎叶喷雾。作业参数如下：飞行高度为距玉米冠层平均 2m，飞行速度 3.5m/s，作业喷幅 6m，亩喷液量 1L，田间用水量 15L/hm^2。

（六）调查时间和次数

基数调查：施药当天（5 月 31 日）进行基数调查，调查记录杂草种类、生育期和主要杂草的分布百分比。详见表 8-17。

表 8-17　杂草基数调查表

处理/[g（a.i.）/hm^2]	杂草数量/（株/m^2）				
	狗尾草	藜	苘麻	蓼吊	龙葵
烟嘧+硝磺+莠去津（60+60+700）	30	10	3	2	0
烟嘧+硝磺+莠去津（80+80+900）	45	38	7	0	0
烟嘧+硝磺+莠去津（60+60+700）+飞防助剂 0.4%	75	99	7	0	10
烟嘧+硝磺+莠去津（80+80+900）+飞防助剂 0.4%	68	41	6	0	0
空白对照	53	25	13	8	21

调查结果为主要杂草种类有：狗尾草、藜、苘麻、蓼吊、小旋花、龙葵、苣荬菜。5 月 31 日调查狗尾草 4～4.5 叶期，分布百分比为 50%左右；藜 2～5 叶期，分布百分比为 30%左右；苘麻 2～5 叶期，分布百分比为 5%左右；小旋花 6～13 叶期，分布百分比为 6%左右；龙葵 2～3 叶期，分布百分比为 5%左右；蓼吊 2～4 叶期，分布百分比为 1%左右；苣荬菜分布为 1%；其他杂草占 2%。

（七）调查时间与项目

防效调查：施药后 7 天、15 天、30 天每处理区三点取样，每点 0.25m^2。记录杂草种类、数量计算株防效，施药后 30 天计算鲜重防效。调查结果见表 8-18～表 8-21。

表 8-18　施药后 7 天杂草株防除效果调查

处理编号	狗尾草防效/%	藜防效/%	苘麻防效/%	蓼吊防效/%	龙葵防效/%
1	16.7	100	66.7	100	—
2	11.1	100	71.4	—	—
3	58.7	100	85.7	—	100
4	86.8	100	100	—	—

表 8-19　施药后 15 天杂草株防除效果调查

处理编号	狗尾草防效/%	藜防效/%	苘麻防效/%	蓼吊防效/%	龙葵防效/%
1	100	100	100	100	—
2	100	100	100	—	—
3	100	100	100	—	100
4	100	100	100	—	—

表 8-20 施药后 30 天杂草株防除效果调查

处理 编号	狗尾草 防效/%	藜 防效/%	苘麻 防效/%	蓼吊 防效/%	龙葵 防效/%
1	100	100	100	100	—
2	100	100	100	—	—
3	100	100	100	—	100
4	100	100	100	—	—

表 8-21 施药后 30 天杂草鲜重防除效果调查

处理 编号	狗尾草 防效/%	藜 防效/%	苘麻 防效/%	蓼吊 防效/%	龙葵 防效/%
1	100	100	100	100	—
2	100	100	100	—	—
3	100	100	100	—	100
4	100	100	100	—	—

在春玉米出苗后（3 叶期）茎叶处理一次。下午施药，施药时 2 级风，阴晴交替。施药植保无人机为天农 M6E 无人机，扇形喷头，茎叶喷雾。作业参数如下：飞行高度为距玉米冠层平均 2m，飞行速度 3.5m/s，作业喷幅 6m，亩喷液量 1L。选用药剂为 4%烟嘧磺隆可分散油悬浮剂、15%硝磺草酮可分散油悬浮剂、90%莠去津水分散粒剂和飞防助剂（迪翔）。施药后 5～10 天，部分处理玉米叶片黄化。施药后 15 天，玉米叶片恢复正常，新叶生长正常。所有处理对狗尾草、藜、苘麻防效为 100%，部分处理对蓼吊、龙葵无效。

整体看，玉米田应用植保无人机进行茎叶处理防除杂草防效较好，加入飞防助剂后防效有一定提高。与常规施药比较，具有节约用药、节约用水、提高工作效率等多方面优势。

第九章
飞防作业实务

第一节　植保无人机作业基础要求

一、植保无人机作业流程

（1）掌握作业情况　确定防治农作物类型、作业面积、地形、病虫害情况、防治周期、使用药剂类型，以及是否有其他特殊要求。

（2）勘察地形　了解地形是否适合植保作业，确定农田中不适宜作业的区域，与种植人员沟通、掌握农田病虫害情况。

（3）了解天气情况　进行植保作业时，应提前查知作业区域近几日的天气情况，提前确定这些数据，保证作业安全。

（4）准备好电源　电动多旋翼植保机需要动力电池（一般在5～10组之间）、相关的充电器，若作业地点不方便充电，可能还要携带发电设备。

（5）准备好相关配套设施　如农药配比、运输需要的水桶，无人机操作人员和助手协调沟通的对讲机、相关作业防护用品（眼镜、口罩、工作服、遮阳帽等）。

（6）规划航线　检查飞行路径有无障碍物，确定飞机起降点及地面站，规划作业基本航线。

（7）提前配好农药　根据植保无人机作业量，提前配好半天到一天所需药量。

（8）作业完毕做好相关记录与检查工作　记录作业结束点，以便次日继续从该位置开始作业。清洗保养飞机，对植保无人机系统进行检查。检查各项物资消耗（农药、汽油、电池等），记录当天作业面积和飞行架次，核算当日用药量与总作业面积是否吻合等，并为后续作业做好准备。

二、施药者要求

身体健康，经过培训，具备一定的植保知识。年老、体弱人员，儿童，孕妇及哺乳期、经期的妇女严禁施药。作业前要有效沟通。当要去一个地点开始植保作业前，需要与当地农户或者中间商沟通到位，沟通的内容有：作业面积，作业地点的大概地形，作业地点障碍物的多少，是否影响飞防作业；还有就是与当地人员协调一下后勤保障的配合问题、充电问题、加装农药问题等。当作业地点地形确定后，就要考虑车辆、人员的转场是否便捷，农田道路是否适合作业车辆进入。当道路不适合车辆进入时，就需要与当地人沟通了解当地的地形及道路，有没有更方便快捷的道路，一般需要与农户协调小型车辆如电动三轮车来帮助快速解决后勤保障问题。

（一）人员综合能力强

无人机植保作业是一个需要多人配合的工作，一般一架植保无人机配备 3 名工作人员比较合理，一名无人机操作人员，一名后勤保障人员，一名观察员。这些人员需要明确自己的责任，在作业前必须进行任务分配。

（二）植保无人机出现问题能快速维修

如果飞防作业中出现的问题（比如“炸机”、机臂损坏、喷洒系统故障等）都需要无人机厂家进行售后维修的话，不仅会增加很多不必要的成本，对于有飞防任务的作业队来说，这势必还会影响作业的经济收入。因此需要植保人员具有一定的维修能力，并且配备必要的配件和维修工具。只有在人员维修能力、配件、工具都具备后，才能进行快速维修。

（三）起飞前要做飞行检查

植保无人机起飞前的飞行检查是必不可少的，包括电机、螺旋桨、GPS 是否安装正确、牢固；动力电池电量、遥控器电池电量、电台电池电量是否满足本次飞行；飞机上各部分紧固件是否有异常现象，飞机飞控各项参数是否正常。

（四）配备好电池与充电器

电动植保无人机的续航能力一直是其短板。为保证作业效率，只能多备电池与充电器，一架飞机建议最少配 8 组电池、3 个充电站和 1 台发电机。后勤人员需要配合做好充电、换电池工作，做到各环节无缝衔接，以保证高效完成作业。

（五）观察员要与无人机操作人员配合好

观察员与无人机操作人员的配合，直接影响作业的安全。观察员需在无人机操作人员目力达不到的地方时刻报告无人机飞行状态与飞行位置，以使无人机在避开障碍物的同时保证喷洒作业的覆盖面积。

（六）及时清洗

当天作业完成后，就要为第二天的任务做准备。无人机的清洗、喷洒系统的清洗都应该在作业完成后第一时间完成，因为残留的农药会腐蚀植保无人机机体、金属结构、水泵、喷头、管路，如果不及时清洗会影响其使用寿命。有的药剂黏稠度高，如果不尽快用清水清理整套喷洒系统，放置一定时间后容易堵塞水泵、喷头，影响下次作业。

（七）施药人员防护要求

必须穿戴防护用品。着连体防护服、防水鞋、防水帽（硬壳安全帽），配戴丁腈橡胶手套（手套和袖子之间用防水胶带粘好）、口罩（最好为防毒面罩）、护目镜及防化围裙。防止农药进入眼睛、接触皮肤或吸入体内。

在量取、配药、施药过程中，始终不要用嘴来疏通堵住的胶管、喷嘴等。应用专用工具来疏通。在施药地块或附近始终确保有足量清水，以处理紧急事故的发生。常备解磷定、阿托品等解毒药，以备紧急使用。在整个作业过程中，不准进食、喝水、饮酒及吸烟。

三、环境安全要求

（1）根据现场实测的气象条件确定无人机安全作业的可行性，特别是对飘移的影响。

（2）脱离靶标的施药要尽量避免，施药飘移可以通过采用防飘移技术得到控制。

（3）不能在水源附近施药（小于 20m），避免错误使用农药而污染环境。

（4）不能在蜜蜂活动或采蜜期间喷施植保产品，避免药液飘移到开花的蜜源作物上。

（5）喷施对鱼、鸟类、家蚕等非靶标生物有毒性风险的农药时，应严格遵循产品标签规定，并采取有效措施规避风险。

（6）确保产生的废物量保持在最低限度。处置废弃物必须符合当地法律法规，残留药液或废液应稀释后再喷洒到废弃区域或回收。严禁焚烧或深埋，必须远离水源和其他敏感区域。

（7）严禁将空包装丢弃于田间，将三次清洗的空包装带到附近的回收点。

（8）在运输过程中和等待使用时务必防止泄漏，一旦发生泄漏应立即合理处置。

（9）避免将容器直接暴露在阳光下，以减少蒸发。

第二节 植保无人机作业注意事项

一、植保无人机作业前

操作人员应手持地面站终端或遥控器站在起降点附近，并在无人机起飞和返航时及时疏散起降点附近围观人群。同时要做到四禁止：一是严禁酒后操作；二是严禁在人头上乱飞；三是严禁在雷雨天气飞行，雨天作业水和水汽会从天线、摇杆等缝隙进入发射机并可能引发失控。

在植保无人机起飞前，须对飞机的各个部件进行仔细检查。

1. 机械部分

底座相当于飞机的起落架，承受飞机降落时的冲击载荷，须确保底座无变形、断裂及其他机械损伤。

2. 电子部分

电子部分在飞控通电后检查。

（1）遥控器　遥控器是飞机操纵指令的输入端，直接关系到飞机飞行的安全稳定。要确保遥控器电量充足，和机型对应，定时器设定准确，遥控器天线连接牢靠，位置摆放正确，微调开关位置为零。

（2）接收机　接收机接收遥控器发出的控制指令。要检查接收天线固定是否牢固、天线之间的角度是否合适、天线有无破损。

（3）飞行控制系统　飞行控制系统对接收机和各传感器的数据进行计算、处理，然后输出给电调，进一步控制电机的转速，使飞机完成相应的飞行动作。要确保各模块安装牢固、插线正确，GPS 朝向正确，LED 灯闪烁正常，失控保护正常，飞控自检成功。

（4）动力电池　动力电池为电机旋转提供动力。动力电池要无肿胀变形，电量要充足，单片电压相差小于0.1V，电池插口紧固、完整、无裂缝。

3. 喷洒部分

喷洒部分在水泵通电后检查。

（1）药桶　加少许水后，药桶出口无滴漏，水泵焊点无渗漏，加药口朝向正确，与机架固定牢靠、无明显晃动。

（2）水泵　将药液从药桶中抽出，泵入喷杆中，最后由喷嘴喷出。水泵流量要可控，确保流量充足。水泵无堵塞，接口无滴漏。与药箱连接牢固。

（3）喷杆　喷杆连接要牢靠，翘起角度要合适。导管接口处牢固、无滴漏。

（4）喷嘴　喷嘴安装要牢固，无堵塞、滴漏，喷口朝向正确。在实际作业中，以上检查需提前进行；同时还应对故障率高的部件、重要部件、关键部件进行局部检查，确保主要工作系统能安全、正常运行。

4. 量取及配药时的安全措施

（1）量取及配制农药时，选择避风处操作。并远离水源、居所、畜牧栏。

（2）配药桶应专桶专用，不能用配药桶直接从沟河取水。

（3）配备专用的搅拌棍。不能用手或手臂伸入到配药桶中搅拌药液。

（4）配好的药液马上使用。如果一次配多次的用药，在下次用药前，将配药桶盖好，密封保存。开封后余下的农药应封闭在原包装中安全贮存，不能另换没有标识的包装，以免误喷。

二、植保无人机作业中

（一）起飞前整备

（1）无人机及喷雾系统的检查　作业前仔细检查器械开关、接头、喷头等处螺丝是否拧紧，药桶是否有裂缝，喷头是否可以合理雾化等情况，确保无人机可以正常飞行，喷雾系统没有跑冒滴漏现象。

（2）警示牌设立　施药作业时远离人和动物，并在施药区域设立“已喷农药”“有毒”等警示标识，禁止人畜进入。警示牌的设立在施药后应保持一定时间，禁止放牧、割草、挖野菜等活动，以防人畜中毒。

（3）起飞降落的地方必须平坦且无灰尘。禁止在有高压线、电杆等障碍物处飞行作业。

（4）全自主作业无人机应在作业前详细勘察作业区域，在障碍物区域设置避障范围；手动控制飞行作业的应尽量使无人机在视距内飞行。在实际喷洒作业中，应实时关注飞行环境和植保无人机各系统的工作情况，包括飞行高度、速度等飞行信息和喷嘴雾化、喷幅等喷洒效果，根据反馈信息对飞行和喷洒做出相应的调整，保证喷洒作业质量。

（二）植保无人机电池的使用

使用的锂电池应使用专用充电器按要求正确充电，存放或运输时应使用专用金属箱严格保管，避免阳光照射。作业时电池不能在作业区随意摆放。

（三）气象条件要求

（1）作业前，应在距地面 1.5m 的高度测量风向和风速，记录并判断是否适合无人机操作（>5m/s：禁止施药作业；>3m/s：等风速低于 3m/s 再作业）。

（2）在操作过程中风速增加并超过 3m/s 时，作业应暂时停止，并操作无人机返回。

（3）在大风天气、大雨或霜冻前不施用植保产品。

（4）避免在一天中最热的时候施药。

（5）避免在湿度低于 50%的情况下施药。

三、植保无人机作业完成

（1）植保无人机受控或自主返航降落，待螺旋桨停转且无人机已处于锁定状态后操作人员方可靠近进行后续操作。

（2）确认无人机降落无误后，操作人员先断开无人机电源，再关闭地面站及遥控器电源。

（3）将电池从无人机上取下，检查电量后收入电池存放箱，若长期不使用应将电池充放至存储电压。折叠或拆卸螺旋桨并妥善保管，检查机身、机臂、载荷设备、起落架等各紧固部件及螺丝是否松脱，确保无异响、转动灵活。检查电机连接线，如有破损及时修补。螺旋桨桨尖部分若有杂草，将杂草小心抽出；若有开裂，将开裂的部分用胶水粘合。如果损伤部分过大，则建议更换新的螺旋桨。

（4）用湿抹布擦拭药桶、机架、碳纤维杆、机罩、保护圈、螺旋桨、电机等有药液洒落的地方，直至干净，最后用干抹布清理一遍，防止生锈。水泵内部残留的药液可用清水进行冲洗，用气枪将杂草等清理出来。冲洗药箱及喷洒系统。

（5）其他相关用品放置得当。

（6）运输植保无人机及药剂时必须使用驾驶室与货箱严格分离的厢式货车。

表 9-1 和表 9-2 为无人机施药作业部分注意事项。

表 9-1　无人机施药作业潜在风险

风险分类	人为因素	机器因素	外部因素
旁观者的风险	操作者造成	坠机， 飞控系统故障	围观人员过多、拥挤、 风速过大
作业团队的风险	未使用防护用具、电池保养不当	电池过热	闪电
环境风险	雾滴飘移	药箱滴漏	鸟类、飞虫
作业风险	除草剂等化学药剂对周边敏感作物的飘移药害	无人机风场导致农作物倒伏	起风、降雨

表 9-2　无人机安全运行距离及注意点

安全距离	障碍/目标	注意
15m	①操作团队 ②实地考察参加者 ③树 ④河、灌溉渠、鱼塘 ⑤敏感作物 ⑥电线、电杆、招牌 ⑦道路、交通标志和灯光 ⑧停车位	需参考无人机性能及无人机操控规范进行适当调整
30m	①高压电缆 ②居住区 ③无线电塔 ④铁路 ⑤行人	需参考无人机性能及无人机操控规范进行适当调整
2000m	①其他作业无人机 ②机场 ③军事基地	遵守当地法规及航空管制要求

第三节　植保无人机保养

一、植保无人机维护保养

（1）每 10 次起落应对无人机机臂、机身、起落架等应力集中部位进行检查，确保机体强度符合要求。

（2）如连续作业时间较长，应每天检查电机、电调及其他电子部件接线端是否受水分或药液侵蚀，如发现侵蚀，应停止作业，及时处理。

（3）每天作业结束后，应用清水清洗喷洒系统，清洁滤网。

（4）无人机使用的锂电池在正常使用条件下（无过充过放情况）使用寿命一般为 200 个充放电循环。每次使用应在电池外表面进行标记，以掌握电池寿命。

（5）应避免锂电池在亏电或满电状态下长时间存放，若长期不使用应将电池充放至电压 3.8V 左右，并每个月进行一次充放电循环。

二、植保无人机的清洗

无论是喷洒什么农药，都要及时清洗无人机整机。农药是化学合剂，具有一定的腐蚀性，施药后如果不及时对喷洒装置及配药工具等进行清洗，受腐蚀后长时间干结堵塞，将严重影响无人机喷洒施药性能。

植保无人机由于药箱容量有限，而所携带的药液浓度通常较高，腐蚀性较强。残留少部分农药，就可能严重腐蚀相关部件，影响使用寿命。而且，下次再行作业时，残留农药仍然可能发挥作用，极易造成药害。所以，施药后及时清洗，就显得非常重要。喷施不同的农药，清洗方法也不尽相同。

对于常用农药，特别是无人机专用剂型，如水剂、水乳剂、微乳剂等，用清水反复清洗，直至喷洒系统流出清水即可。认真清洗水箱、水泵、管路做好清洗准备后，将清水倒入水箱，开启水泵清洗整个喷洒系统，重复清洗多次，最好清洗 3～5 遍。避免 2 次使用与加入的药液产生化学反应，造成腐蚀，或者对作业植株造成药害。

机身清洗用拧干后的湿抹布细致擦拭机身、机臂、螺旋桨、水箱、脚架等表面部位，机身清洗完毕后需晾干。

认真清洗喷嘴、滤网喷嘴、滤网等部件，要用软的细毛牙刷仔细清洗，清洗完毕后将喷嘴、滤网放入清水浸泡 3～5min，取出后及时擦拭干净，待喷嘴管口晾干后及时安装，防止丢失。

对于特殊农药，需要用特殊办法。详见表 9-3。

表 9-3　使用不同类型农药后无人机清洗办法

农药类型	水	清洗液	步骤
水剂、水乳剂、微乳剂、超低容量液剂	清水		
可湿性粉剂、水分散粒剂、水悬浮剂	温水	肥皂水或洗衣粉	肥皂水-肥皂水-清水
乳油、油悬浮剂	热水	肥皂水或活性炭	肥皂水-肥皂水-清水
碱性农药、2,4-滴异辛酯、2 甲 4 氯异辛酯等	温水	0.5%硫酸亚铁溶液	弱碱水-弱碱水-清水
碱性农药	温水	碱性洗衣粉	弱碱水-弱碱水-清水
遇土钝化类农药（草甘膦、草铵膦等）	清水	泥浆水	泥浆水-泥浆水-清水

三、植保无人机电池的养护

植保无人机电池一般是锂电池，锂电池的循环使用次数与日常保养有紧密关联。使用不当、过度充放电、线路不良、过热、浸水等都会减少其使用寿命，甚至还可能发生鼓包、自燃等现象。

（1）电池充电保养　作业后电池温度会升高，应放置到阴凉、干燥处待电池温度降至40℃以下，再对电池进行充电，充电过程中应当尽量避免阳光直射。一般最佳充电温度为 5～35℃。晚上空闲时间还应使用慢充模式给电池充电，有利于电池电压平衡及延长使用寿命。

（2）电池长时间存放要进行充放电保养　电池组存放一般在 10 天左右，就要进行充放电保养。确保电池组电量保持在 50%～60%之间。尽量避免电量过低导致过放或电量过高时导致电池组膨胀现象发生。若长期不用，要将电池组存储于防爆箱内，存储温度为 23℃±5℃、相对湿度为 65%±20%的环境中，防止碰撞或损坏电池的现象发生。

（3）电池的更换及报废处理　植保无人机作业大部分时间是高温天气，应避免将备用电池组放置于车厢等密闭环境中，避免在太阳下直晒。更换时轻拿轻放，严格按要求进行更换。换后的电池要及时充电保养。报废的电池应及时联系当地代理商进行回收处理，切勿随意丢弃报废电池。

四、植保无人机遥控器的保养

大部分用户会忽视对植保无人机遥控器的保养，导致遥控器长时间使用后，出现遥控器面板“发黄”、天线破损、遥控器屏幕划痕、摇杆橡皮圈布满灰尘等情况。遥控器是植保无人机的重要组成部分，是安全操作的前提，所以保养非常重要。

（1）作业过程中要轻拿轻放，正确使用遥控器挂绳，避免遥控器碰撞、进水或受药液腐蚀。

（2）作业完成后要用干净的抹布蘸酒精擦拭遥控器表面，并将遥控器屏幕、天线折叠复位，避免碰撞。

（3）植保无人机遥控器电池如长时间不使用，应将其取出，置于阴凉、干燥的环境中，避免电池长时间安装在遥控器内导致过放。

五、植保无人机的运输

（1）保证植保无人机运输安全　运输过程中应将植保无人机固定牢靠，防止磕碰损伤，如果需要拆解运输，应确保药液管路勿折压，管路折压变形将严重影响喷洒效果。运输时，作业人员应与植保无人机分离，避免发生药物中毒。

（2）电机运行的检查维护　定期对电机和螺旋桨叶片进行保养维护，定期检查螺旋桨叶片是否有破损、裂纹，更换螺旋桨叶片时应区分“CW”与“CCW”。检查转动时是否伴有杂音或阻力，如存在杂音或阻力应及时更换。

（3）插头连接部件的保养　植保无人机插头与电池插头连接时可能会产生打火现象，插头金属部分表面氧化发黑，随着使用次数增加，这种情况会进一步恶化，将影响到飞行器稳定飞行，因此需要注意插头保养，发现这一问题要及时进行更换。电池在不使用时应将插头盖、平衡插头盖盖上，避免接触水或药液后造成短路。

（4）植保无人机的存储　植保无人机要按要求存放，有条件的可放置存储箱中，注意防鼠、防火、防盗。植保无人机上有许多部件是橡胶、碳纤维等材质，这些制品易老化变质，所以无人机不要存放在高温或阳光直射的环境中。喷洒作业后植保无人机各部件应及时进行保养，避免影响其使用寿命。

参考文献

[1] 范庆妮. 小型无人直升机农药雾化系统的研究[D]. 南京：南京林业大学，2011.

[2] 张福山. 植物保护对中国粮食生产安全影响的研究[D]. 福州：福建农林大学，2008.

[3] 王秀丛，王翠，许柏林，等. 芝麻病虫害综合防治技术[J]. 农业装备技术，2010，5：49-50.

[4] 霍治国，李茂松，王丽，等. 降水变化对中国农作物病虫害的影响[J]. 中国农业科学，2012，45(10)：1935-1945.

[5] 阳园燕，何永坤，罗孳孳，等. 农作物病虫害防治气象条件等级预报应用研究[A]. 中国气象学会，2007 年年会生态气象业务建设与农业气象灾害预警分会场论文集[C]，2007.

[6] 蔺多钰. 高台县农作物病虫害发生特点及综合防治对策[J]. 植物保护，2009(11)：29-31.

[7] 夏敬源. 公共植保、绿色植保的发展与展望. 中国植保导刊，2010，30(1)：5-9.

[8] 霍治国，李茂松，王丽，等. 气候变暖对中国农作物病虫害的影响[J]. 中国农业科学，2012，45(10)：1926-1934.

[9] 袁会珠. 农药施用技术指南[M]. 北京：化学工业出版社，2004.

[10] 王献忠. 我国农药生产和使用现状及其展望[J]. 科技信息，2011(13)：777.

[11] 梁海清，杜艳丰，梁善理，等. 农药使用存在的问题与对策[J]. 农药科学与管理，2012，33(5)：6-7.

[12] 张国庆. 农业航空技术研究述评与新型农业航空技术研究[J]. 江西林业科技，2011，1：25-31.

[13] 刘丰乐，张晓辉，马伟伟，等. 国外大型植保机械及施药技术发展现状[J]. 农机化研究，2010，3：246-248.

[14] 戴奋奋. 我国施药技术及植保机械现状与发展对策[A]. 循环农业与新农村建设——2006 年农学会中国学术年会论文集[C]. 北京：中国农业科学技术出版社，2006：464-467.

[15] 何雄奎. 高效施药技术与机具[M]. 北京：中国农业大学出版社，2011，1-2.

[16] 陈晓雯，方菁，周洁. 我国农药使用状况和农药对健康的影响研究[J]. 卫生软科学，2012，26(6)：560-562.

[17] 何雄奎. 改变我国植保机械和施药技术严重落后的现状[J]. 农业工程学报，2004，20(1)：13-15.

[18] 耿爱军，李法德，李陆星. 国内外植保机械及植保技术研究现状[J]. 农机化研究，2007，4：189-191.

[19] 张从. 农业环境保护[M]. 北京：中国农业大学出版社，1999，3.

[20] 席运官，钦佩. 有机农业生态工程[M]. 北京：化学工业出版社，2002,5.

[21] 杨学军，严荷荣. 植保机械的研究现状及发展趋势 [J]. 农业机械学报，2002，6(33)：129-131.

[22] 何雄奎. 大力发展我国植保机械与施药技术[N]. 科学时报，2003，5：28.

[23] 郑惊鸿. 应加大植保专业化支持力度[J]. 农药市场信息，2010(18)：1.

[24] 袁会珠，李卫国，杨代斌，等. 高功效农药使用技术[A]. 植保科技创新与现代农业建设——中国植物保护学会 2012 年学术年会论文集[C]. 2012,369-373.

[25] 申丽，何竹叶，王海斌，等. 白水县农作物病虫害专业化防治现状与发展前景[J]. 陕西农业科学，2012(2)：164-166.

[26] 薛新宇，梁建傅，锡敏. 我国航空植保技术的发展前景[J]. 中国农机化，2008(5)：72-74.

[27] 龚艳，傅锡敏. 现代农业中的航空施药技术[J]. 农业装备技术，2008，34(6)：26-29.

[28] Huang Y, Hoffmann W C, Fritz B, et al. Development of an unmanned aerial vehicle-based spray system for highly accurate site-specific application[C]. ASABE Annual International Meeting, June 30, 2008.

[29] 毛利建太郎. 无线操控直升飞机喷洒农药技术[A]. 中国农机化发展论坛——水稻生产机械化技

术交流会[C]. 2006，228-229.
[30] 茹煜，贾志成，范庆妮，等. 无人直升机远程控制喷雾系统[J]. 农业机械学报，2012(6)：47-52.
[31] 郭永旺，袁会珠，何雄奎，等. 我国农业航空植保发展概况与前景分析[J]. 中国植保导刊，2014，34(10)：78-82.
[32] 张鑫，叶非. 农药与生态环境安全[J]. 东北农业大学学报，2007，38(5)：716-720.
[33] 何雄奎. 改变我国植保机械和施药技术严重落后的现状[J]. 农业工程学报，2004，20(1)：13-15.
[34] 邵振润，郭永旺. 我国施药机械与施药技术现状及对策[J]. 植物保护，2006，32(2)：5-8.
[35] 赵世君，陶波，滕春红. 助剂 Quad7 对除草剂烟嘧磺隆增效作用的研究[J]. 东北农业大学学报，2008，39(3): 46-52.
[36] Ramsdale B K, Messersmith C G. Spray volume, formulation, and adjuvant effects on fomesafen efficacy[J]. North Cent Weed Sci Soc Res Rep, 2001, 58: 362-363.
[37] 邓敏，邢子辉，李卫. 我国施药技术和施药机械的现状及问题[J]. 农机化研究，2014，36(5)：235-238.
[38] 马小艳，王志国，姜伟丽，等. 无人机飞防技术现状及在我国棉田应用前景分析[J]. 中国棉花，2016，43(6)：7-11.
[39] Huang Y D, Hoffmann W C, Lan Y B, et al.Development of a spray system for an unmanned aerialvehicle platform [J]. Transactions of the ASABE, 2009, 25(6):803-809.
[40] 张国庆. 农业航空技术研究述评与新型农业航空技术研究[J]. 江西林业科技，2011(1)：25-31.
[41] 张国庆. 我国农用航空发展瓶颈与对策[J]. 通用航空，2011(4)：31-33.
[42] 何雄奎. 药械与施药技术[M]. 北京：中国农业大学出版社，2012.
[43] 周志艳，臧英，罗锡文，等. 中国农业航空植保产业技术创新发展战略[J]. 农业工程学报，2013，29(24)：1-10.
[44] Zhou Z Y, Zang Y, Luo X W, et al. Technologyinnovation development strategy on agricultural aviationindustry for plant protection in China[J]. Transactions of theChinese Society of Agricultural Engineering (Transactions ofthe CSAE), 2013, 29(24): 1-10.
[45] 张东彦，兰玉彬，陈立平. 中国航空施药技术研究进展与展望[J]. 农业机械学报，2014，45(10)：53-59.
[46] Zhang D Y, Lan Y B, Chen L P, et al. Currentstatus and future trends of agricultural aerial sprayingtechnology in China[J]. Transactions of the Chinese Societyfor Agricultural Machinery, 2014, 45(10): 53 -59.
[47] 茹煜，金兰，贾志成，等. 无人机静电喷雾系统设计及试验[J]. 农业工程学报，2015，31(8)：42-47.
[48] Ru Y, Jin L, Jia Z C, et al. Design and experimenton electrostatic spraying system for unmanned aerialvehicle[J]. Transactions of the Chinese Society ofAgricultural Engineering (Transactions of the CSAE), 2013，29(24): 1-10.
[49] 朱宪良. 农用无人机植保应用发展的探讨[J]. 农机科技推广，2014(5):31.
[50] 范庆妮. 小型无人直升机农药雾化系统的研究[D]. 南京:南京林业大学，2011.
[51] 茹煜，贾志成，范庆妮，等. 无人直升机远程控制喷雾系统[J]. 农业机械学报，2012，43(6):47-52.
[52] 王玲，兰玉彬. 微型无人机低空变量喷药系统设计与雾滴沉积规律研究[J]. 农业机械学报，2016，47(1):15-22.
[53] 董玉轩，顾中言，徐德进，等. 雾滴密度与喷雾方式对毒死蜱防治褐飞虱效果的影响[J]. 植物保护学报，2012，39(1):75 -80.
[54] 秦维彩，薛新宇，周立新，等. 无人直升机喷雾参数对玉米冠层雾滴沉积分布的影响[J]. 农业工程学报，2014，30(5):50 -56.

[55] 周立新，薛新宇，孙竹，等. 航空喷雾用电动离心喷头试验研究[J]. 中国农机化，2011(1):107-111.
[56] 茹煜，金兰，周宏平，等. 航空施药旋转液力雾化喷头性能试验[J]. 农业工程学报，2014，30(3):50 -55.
[57] 周宏平，茹煜，舒朝然，等. 航空静电喷雾装置的改进及效果试验[J]. 农业工程学报，2012，28(12):7 -12.
[58] 娄尚易，薛新宇，顾伟，等. 农用植保无人机的研究现状及趋势[J]. 农机化研究，2017，39(12): 1-6+31.
[59] 蒙艳华，周国强，吴春波，等. 我国农用植保无人机的应用与推广探讨[J]. 中国植保导刊，2014，34(S1):33-39.
[60] 金辉，姜会林，郑玉权，等. 用于农田土壤监测的高光谱成像仪[J]. 发光学报，2013，34(6):807-810.
[61] 罗锡文，孙洁，罗锡文，等. 农业航空植保，开启智能装备新篇章[J]. 中国农村科技，2016(4):35-37.
[62] 周志艳，臧英，罗锡文，等. 中国农业航空植保产业技术创新发展战略[J]. 农业工程学报，2013，(24):1-10.
[63] 赵淑莲. 探讨中国农业航空植保产业技术创新发展战略[J]. 农业与技术，2014，34(11):138.
[64] 薛新宇，兰玉彬. 美国农业航空技术现状和发展趋势分析[J]. 农业机械学报，2013，44(5):194-201.
[65] 薛新宇，梁建，傅锡敏. 我国航空植保技术的发展前景[J]. 农业技术与装备，2010(5):27-28.
[66] 王森，车刚，张燕梁，等. 黑龙江省农业航空施药技术的应用研究[J]. 现代化农业，2016(11):65-67.
[67] Bill K. Aerial application equipment guide 2003[M]. USDA Forest Service,59-62.
[68] 张东彦，兰玉彬，王秀，等. 基于中分辨卫星影像的农用航空喷药效果评估（英文）[J]. 光谱学与光谱分析，2016，36(6):1971-1977.
[69] 産業用無人ヘリコプターによる病害虫防除実施者のための安全対策マニュアル. [EB/OL]. 農林水産航空协会. http://mujin-heri.jp/anzentaisaku_pdf /anzen-taisaku.pdf.
[70] 尹选春，兰玉彬，文晟，等. 日本农业航空技术发展及对我国的启示[J]. 华南农业大学学报，2018(2):1-8.
[71] Bilanin A J，Teske M E，Barry J W et al. AGDISP:the aircraft spray dispersion model，code development and experimental validation[J]. Transactions of the ASAE. 1989，32:327-334.
[72] 刘开新. 俄日韩等国家农业航空产业发展现状[J]. 时代农机，2015，42(7):169.
[73] 范泳. 水稻机插秧不同品种不同密度试验分析[J]. 农机使用与维修，2015(9):57-58.
[74] 郭永旺，袁会珠，何雄奎，等. 我国农业航空植保发展概况与前景分析[J]. 中国植保导刊，2014，34(10):78-82.
[75] 龚艳，傅锡敏. 现代农业中的航空施药技术[J]. 农业装备技术，2008，34(6):26-29.
[76] 陈盛德，兰玉彬，周志艳，等. 小型植保无人机喷雾参数对橘树冠层雾滴沉积分布的影响[J]. 华南农业大学学报，2017，38(5):97-102.
[77] 陈盛德，兰玉彬，李继宇，等. 航空喷施与人工喷施方式对水稻施药效果比较[J]. 华南农业大学学报，2017，38(4):103-109.
[78] 陈盛德，兰玉彬，李继宇，等. 植保无人机航空喷施作业有效喷幅的评定与试验[J]. 农业工程学报，2017，33(7):82-90.
[79] 秦维彩，薛新宇，周立新，等. 无人直升机喷雾参数对玉米冠层雾滴沉积分布的影响[J]. 农业工程学报，2014，30(5):50-56.
[80] 金鑫，董祥，严荷荣，等. 3WGZ-500 型喷雾机对靶喷雾系统设计与试验[J]. 农业机械学报，2016，47(7):21-27.
[81] 农业部农机化管理司. 中国农业机械化科技发展报告 2015—2016 年[DB/OL].http://www.jlnj.gov.cn/1/38/2018-03-06/163078.html，2018–03–06/2018–03–08.
[82] 徐嫣，肖英杰，刘景华，等. 无人机对农业现代化的影响[J]. 农技服务，2017，34(16):43.
[83] 王斌，袁洪印. 无人机喷药技术发展现状与趋势[J]. 农业与技术，2016，36(7):59-62.

[84] 李珊. 航空施药技术的发展历程[J]. 新农业，2017(9):55-56.
[85] 茹煜. 农药航空静电喷雾系统及其应用研究[D]. 南京：南京林业大学，2009.
[86] Bill K.Aerial application equipment guide 2003 [M]. Washington, D.C.:USDA Forest Service, 2003:59-62.
[87] ASABES 572.1--2009.Spray nozzle classification by drop-let spectra[S]. ASABE, 2009.
[88] 范庆妮. 小型无人直升机农药雾化系统的研究[D]. 南京：南京林业大学，2011.
[89] 周立新，薛新宇，孙竹，等. 航空喷雾用电动离心喷头试验研究[J]. 中国农机化，2011(1):107-111.
[90] 张宋超，薛新宇，秦维彩，等. N-3 型农用无人直升机航空施药飘移模拟与试验[J]. 农业工程学报，2015，31(3):87-93.
[91] 邱白晶，王立伟，蔡东林，等. 无人直升机飞行高度与速度对喷雾沉积分布的影响[J]. 农业工程学报，2013，24：25-32.
[92] 秦维彩，薛新宇，周立新，等. 无人直升机喷雾参数对玉米冠层雾滴沉积分布的影响[J]. 农业工程学报，2014，5:50-56.
[93] 王昌陵，何雄奎，王潇楠，等. 基于空间质量平衡法的植保无人机施药雾滴沉积分布特性测试[J]. 农业工程学报，2016，24:89-97.
[94] 徐德进，顾中言，徐广春，等. 喷雾器及施液量对水稻冠层农药雾滴沉积特性的影响[J]. 中国农业科学，2013，46(20):4284-4292.
[95] Zhu H P, Masoud S, Robert D F. A portable scanning system for evaluation of spray deposit distribution[J]. Computers and Electronics in Agriculture, 2011, 76(1):38-43.
[96] 薛峰. 图像处理在雾滴关键参数测量中的应用[D]. 北京：中国农业大学，2005.
[97] 徐旻，张瑞瑞，陈立平，等. 智能化无人机植保作业关键技术及研究进展[J]. 智慧农业，2019，1(2):20-33.
[98] 张波，翟长远，李瀚哲，等. 精准施药技术与装备发展现状分析[J]. 农机化研究，2016，38(4):1-5+28.
[99] 傅锡敏，薛新宇. 我国施药技术与装备的现状及其发展思路[J]. 农业技术与装备，2010(5):13-15.
[100] 顾伟，薛新宇，杨林. 植保无人机行业现状和发展建议[J]. 农业工程，2019，9(10):18-23.
[101] 兰玉彬，陈盛德，邓继忠，等. 中国植保无人机发展形势及问题分析[J]. 华南农业大学学报，2019，40(5):217-225.
[102] 娄尚易，薛新宇，顾伟，等. 农用植保无人机的研究现状及趋势[J]. 农机化研究，2017，39(12):1-6+31.
[103] 蒙艳华，周国强，吴春波，等. 我国农用植保无人机的应用与推广探讨[J]. 中国植保导刊，2014，34(S1):33-39.
[104] 何勇，肖舒裴，方慧，等. 植保无人机施药喷嘴的发展现状及其施药决策[J]. 农业工程学报，2018，34(13):113-124.
[105] 植保无人机尚存不足 精准农业市场征途艰难[J]. 新农业，2018(16):53-54.
[106] 贺欢. 世界微小型无人机最新发展应用概览[J]. 中国安防，2015(15):82-95.
[107] 孙少霞，王爽. 植保无人机市场探讨[J]. 山东农机化，2018(4):48-49.
[108] 温源，张向东，沈建文，等. 中国植保无人机发展技术路线及行业趋势[J]. 农业技术与装备，2014(5):35-38.
[109] Bazov. Helicopter aerodynamics[R]. Army foreign science and technology center charlottesville va, 1971.
[110] Roberts T, Murman E. Solution method for a hovering helicopter rotor using the Euler equations[C]. 23rd. Aerospace Sciences Meeting,1985: 436.
[111] Pomin H, Wagner S. Navier-Stokes analysis of helicopter rotor aerodynamics in hover and forward flight[J]. Journal ofAircraft, 2002, 39(5): 813-821.

[112] Caradonna F, Lautenschlager J, Silva M. An experimental study of rotor-vortex interactions[C]. 26th. Aerospace Sciences Meeting. 1988: 45.

[113] Teske M E, Thistle H W, Ice G G. Technical advances in modeling aerially applied sprays[J]. Transactions of the ASAE, 2003, 46(4): 985.

[114] Raffel M, Richard H, Ehrenfried K, et al. Recording and evaluation methods of PIV investigations on a helicopter rotor model[J]. Experiments in fluids, 2004, 36(1): 146-156.

[115] Nathan N D, Green R B. The flow around a model helicopter main rotor in ground effect[J]. Experiments in fluids, 2012, 52(1): 151-166.

[116] Sarghihi F, De Vivo A. Interference analysis of an heavy lift multirotor drone flow field and transported spraying system. Chemical Engin- eering Transactions, 2017 Jun 20, 58:631-636.

[117] 瞿霞. 流体力学中 Euler 方程组的 Riemann 问题[D]. 上海：上海师范大学，2019.

[118] 徐建中. 吴仲华先生与叶轮机械三元流动理论[J]. 推进技术，2017，38(10):2161-2163.

[119] 许和勇，叶正寅，王刚，等. 基于非结构运动对接网格的旋翼前飞流场数值模拟[J]. 空气动力学学报，2007，25(3) :325- 329.

[120] 石强. 小型无人直升机超低空飞行时下洗流场数值分析[J]. 排灌机械工程学报，2015，33(6):521-525.

[121] 沈奥，周树道，王敏，等. 多旋翼无人机流场仿真分析[J]. 飞行力学，2018，36(4):29-33.

[122] 刘鑫. 单旋翼植保无人机旋翼流场下洗气流速度分布规律研究[D]. 大庆：黑龙江八一农垦大学，2019.

[123] Bilanin A J, Teske M E, Barry J W, et al. AGDISP: The aircraft spray dispersion model, code development and experimental validation[J]. Transactions of the ASAE, 1989, 32(1): 327-334.

[124] Fritz B K, Kirk I W, Hoffmann W C, et al. Aerial application methods for increasing spray deposition on wheat heads[J]. Applied Engineering in Agriculture, 2006, 22(3): 357-364.

[125] Bae Y, Koo Y M. Flight attitudes and spray patterns of a roll-balanced agricultural unmanned helicopter[J]. Applied Engineering in Agriculture, 2013, 29(5): 675-682.

[126] Giles D, Billing R. Deployment and performance of a UAV for crop spraying[J]. Chemical engineering transactions, 2015, 44: 307-312.

[127] Berner B, Chojnacki J. Influence of the air stream produced by the drone on the sedimenta-tion of the sprayed liquid that contains entomopa-thogenic nematodes. Journal of Research and Applications in Agricultural Engineering, 2017, 62(3)：26-29.

[128] Norton, Tan Y, Chen J, et al. The computational fluid dynamic modeling of downwash flow field for a six-rotor UAV. Frontiers of Agricultural Science and Engineering, 2018, 5(2)： 159-167.

[129] 文晟，韩杰，兰玉彬，等. 单旋翼植保无人机翼尖涡流对雾滴飘移的影响[J]. 农业机械学报，2018，49(8):127-137+160.

[130] 张宋超，薛新宇，秦维彩，等. N-3 型农用无人直升机航空施药飘移模拟与试验[J]. 农业工程学报，2015，31(3):87-93.

[131] 杨风波，薛新宇，蔡晨，等. 多旋翼植保无人机悬停下洗气流对雾滴运动规律的影响[J]. 农业工程学报，2018，34(2)：64-73.

[132] 邱白晶，王立伟，蔡东林，等. 无人直升机飞行高度与速度对喷雾沉积分布的影响[J]. 农业工程学报，2013，29(24): 25-32.

[133] 陈盛德，兰玉彬，李继宇，等. 多旋翼无人机旋翼下方流场对航空喷洒雾滴沉积的影响[J]. 农业机械学报，2017，48(8): 105-113.

[134] 杨知伦，葛鲁振，祁力钧，等. 植保无人机旋翼下洗气流对喷幅的影响研究[J]. 农业机械学报，

2018，49(1):116-122.
[135] 廉琦. 六旋翼植保无人机下洗气流变化机理及喷头安装位置的研究[D]. 大庆：黑龙江八一农垦大学，2019.
[136] 王适存，徐国华. 直升机旋翼空气动力学的发展[J]. 南京航空航天大学学报，2001(3):203-211.
[137] 杨婷婷. 火星无人机梯形桨叶空气动力学特性分析及实验研究[D]. 哈尔滨：哈尔滨工业大学，2018.
[138] 申镇. 卷流旋翼布局设计及气动特性试验研究[D]. 南京：南京航空航天大学，2019.
[139] 田志伟，薛新宇，李林，等. 植保无人机施药技术研究现状与展望[J]. 中国农机化学报，2019，40(1):37-45.
[140] 贾卫东，薛飞，李成，等. 荷电雾滴群撞击界面过程的 PDPA 测试[J]. 农业机械学报，2012，43(8):78-82.
[141] 周召路. 农药助剂调控雾滴在典型作物上的蒸发、沉积及弹跳行为研究[D]. 北京：中国农业科学院，2018.
[142] 王景旭，祁力钧，夏前锦. 靶标周围流场对风送喷雾雾滴沉积影响的 CFD 模拟及验证[J]. 农业工程学报，2015，31(11):46-53.
[143] 王泽，杨诗通，罗惕乾，等. 静电喷粉植保机具两相流流场的分析计算[J]. 农业工程学报，1994，10(3)：101-105.
[144] 于伟. 雾滴沉积量实时检测系统开发与试验研究[D]. 镇江：江苏大学，2019.
[145] 王昌陵，宋坚利，何雄奎，等. 植保无人机飞行参数对施药雾滴沉积分布特性的影响[J]. 农业工程学报，2017，33(23):109-116.
[146] 卢佳节，陈家兑，吴扬东，等. 不同转速和不同水平风速对离心式喷头喷雾飘移的影响[J]. 农机化研究，2019，41(7):35-41.